FERRET 1976

LES BOIS

DE

SAONE-ET-LOIRE

PAR

A. GAUDET

INSPECTEUR ADJOINT DES FORÊTS

Nobis placent ante omnia Sylvæ.

PARIS

OCTAVE DOIN, ÉDITEUR

8, PLACE DE L'ODÉON

1890

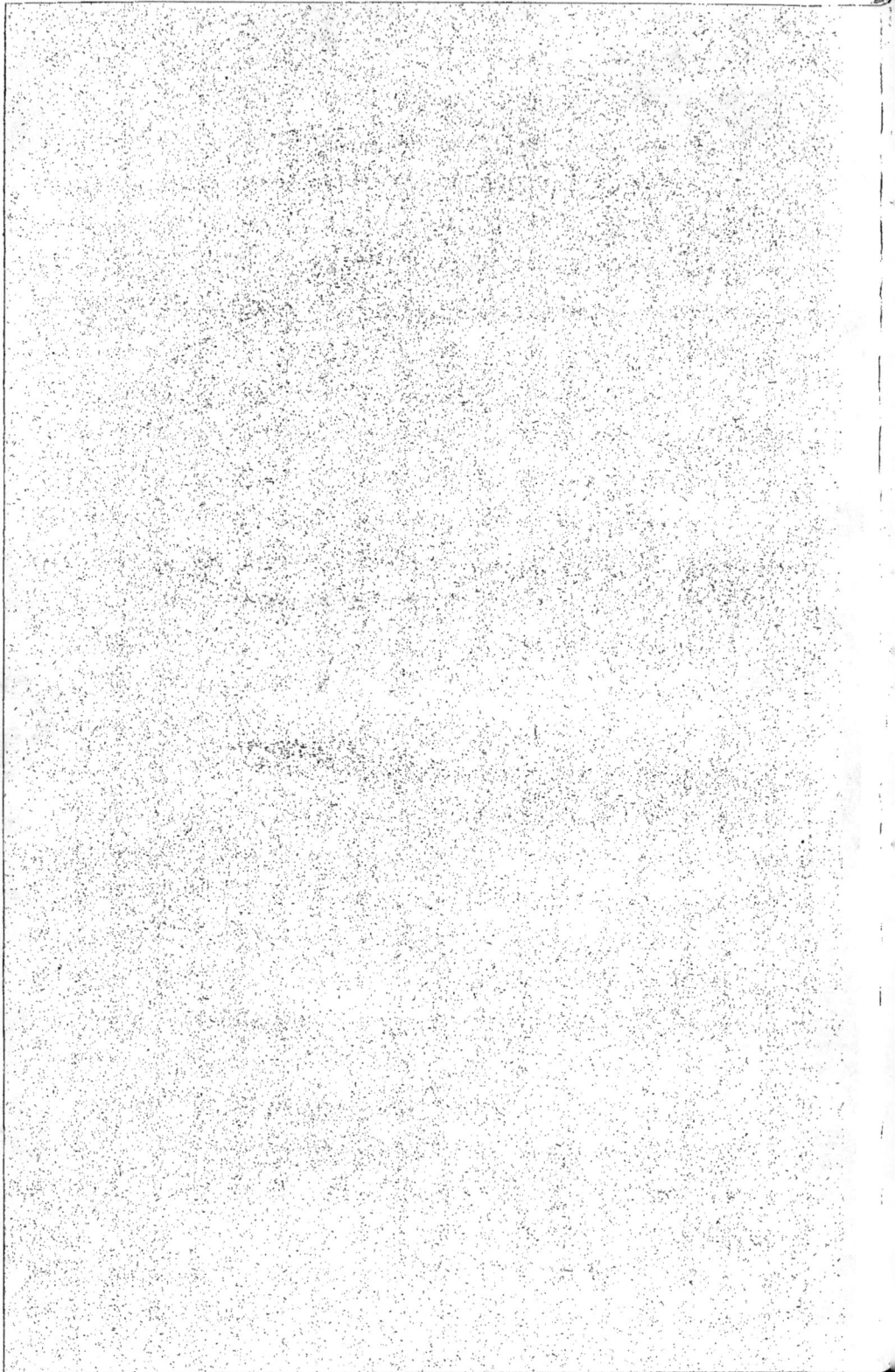

LES BOIS

DE

SAONE-ET-LOIRE

PAR

A. GAUDET

INSPECTEUR ADJOINT DES FORÊTS

Nobis placent ante omnia Sylvæ.

PARIS

OCTAVE DOIN, ÉDITEUR

8, PLACE DE L'ODÉON

1890

Cette notice sur les Bois de Saône-et-Loire *est tirée d'une étude demandée par l'administration des forêts, pour paraître à l'Exposition universelle de 1889, dans la collection de statistique forestière des départements.*

Le cadre en est emprunté à la statistique publiée en 1878, mais les divers articles ont reçu des développements proportionnés à leur importance relative dans l'application de la question des bois à la contrée.

Il était tout d'abord indispensable de faire connaître le champ d'observation, d'exposer l'état de l'agriculture et de l'industrie, rivales ou tributaires de la production ligneuse; d'indiquer l'outillage commercial, les emplois locaux, les centres de communication, les moyens de transport, les débouchés, en un mot les conditions économiques spéciales, qui peuvent n'être généralement connues que d'une manière vague et insuffisante.

Par son étendue, par sa configuration, par la richesse et la variété de ses cultures, par le développement de son commerce et de son industrie, le département de Saône-et-Loire présente une importance exceptionnelle. Avec leurs 4 millions de revenu annuel, les forêts n'y occupent qu'une place très subordonnée dans la série des productions du sol; mais les bois, dont plusieurs sont de qualité supérieure, s'y trouvent dans une situation toute spéciale, en raison de leur contact immédiat avec une industrie minière et métallurgique très active, et des facilités remarquables de transport que présente le réseau des voies de communication.

La production de l'acier, du fer et de la houille, concurrents des bois de construction et des bois de feu, d'une part; l'emploi dans les mines et dans l'agriculture, d'autre part; enfin les conditions de la navigation, le trafic des rivières et des canaux, constituent des éléments locaux d'études et d'investigations du plus grand intérêt, auxquels il a dû être fait une large part.

Les renseignements consignés dans ce travail ont été recueillis, en partie dans de très nombreux documents imprimés, en partie auprès des personnes les plus compétentes.

Les chiffres relatifs aux bois soumis au régime forestier, puisés dans les archives de l'administration, sont authentiques et d'une exactitude absolue; les chiffres relatifs aux bois particuliers peuvent être regardés comme des évaluations probantes, mais ils présentent seulement le degré d'approximation que comporte la matière.

A. G.

Iʳᵉ PARTIE

DESCRIPTION GÉNÉRALE DU DÉPARTEMENT

CHAPITRE I

AU POINT DE VUE PHYSIQUE

---

§ 1. Longitude. Latitude.

Le département de Saône-et-Loire est situé entre 1° 7' et 3° 6' de longitude est, entre 46° 10' et 47° 9' de latitude nord.

§ 2. Orographie. Altitude.

Il est traversé du sud au nord par la chaîne de montagnes qui sépare le versant de la Méditerranée du versant de l'Océan. La ligne de partage des eaux présente une altitude moyenne de 450 à 550 mètres ; elle atteint cependant 772 m. aux grandes roches de Montmelard, 593 m. à Suin et 600 m. au Mont-Saint-Vincent.

Cette chaîne détache de son axe de nombreuses ramifications présentant des points élevés sur les crêtes secondaires : la Mère-Boitier, 671 m., Saint-Romain, 582 m., dans le bassin de la Saône; Dun, 732 m., le mont Botey, 594 m., Uchon, 684 m., dans le bassin de la Loire.

Elle se relie : à l'est, par les collines diversement coupées et orientées du Mâconnais et du Chalonnais, à la vallée de la Saône et à l'immense plaine de la Bresse; à l'ouest, par les coteaux et les vallons du Brionnais et du Charollais, à la vallée de la Loire.

La chaîne du Morvan, qui sépare le bassin de la Seine du bassin de la Loire, forme au nord-ouest la ceinture de la vallée supérieure de l'Arroux, et présente, dans le département de Saône-et-Loire, son sommet le plus élevé, le Pic du Bois-du-Roi, 903 m., et le mont Beuvray, 820 m.

Le département de Saône-et-Loire offre donc les trois types de régions (plaines, collines, montagnes), avec une altitude allant de 170 à 903 m.

§ 3. Géologie.

Il présente des terrains éruptifs, volcaniques et sédimentaires.

Terrains éruptifs. — Les terrains éruptifs sont représentés par le granit et le porphyre avec une grande variété de composition et de structure.

Granit. — Le granit offre deux masses principales. L'une, au centre, s'étend à travers le Charollais jusqu'à la Bourbince et à la Dheune, en formant la ligne de partage des eaux de la Méditerranée et de l'Océan, et projette à l'est, jusqu'à Sennecey-le-Grand, une pointe séparant la Saône de la Grosne. L'autre couvre la partie occidentale du département, de Roche-sur-Loire et Neuvy à Autun : elle est limitée à l'est par la vallée de l'Arroux, et par une ligne allant de Toulon à Saint-Pierre-de-Varennes, en passant par le Creusot.

Le granit présente, en outre, plusieurs petits dépôts sur les flancs du terrain porphyrique de l'Autunois et du Mâconnais, dans lesquels on trouve des filons de quartz et de manganèse. Il s'élève à 760 m. et s'abaisse à 240 m. vers la Loire.

La roche granitique se décompose à la surface en une arène plus ou moins profonde, qui forme un terrain maigre.

Porphyre. — Le porphyre constitue la partie montagneuse du Morvan Autunois : il commence à Saint-Léger-sous-Beuvray, passe à Verrières, Igornay, et s'étend jusqu'aux départements de la Nièvre et de la Côte-d'Or. Il offre diverses variétés et présente des filons de quartz, avec des minerais de fer ou de plomb. Il forme des montagnes coniques s'élevant à 900 m., et descend vers l'Arroux à 350 m.

Les porphyres du Brionnais et du Mâconnais se rattachent à ceux du Beaujolais (département du Rhône) vers Saint-Igny-de-Roche, Dun-le-Roi, Saint-Pierre-le-Vieux, Tramayes, etc. Ils s'élèvent à 772 m. et s'abaissent à 220 m. vers Lugny et Sennecey-le-Grand.

Le sol provenant de la désagrégation du porphyre est analogue à celui qui résulte de la décomposition du granit.

Terrains volcaniques. — Le basalte forme de petits cônes de 25 à 30 m. de hauteur au dessus du sol, à l'altitude de 490 m., et se trouve dans diverses localités : près de Tancon, Sainte-Foy, Baugy, Mailly, Iguerande et Saint-Micaud, sans présenter d'importance.

Terrains cristallisés. — Le gneiss, qui s'appuie sur le flanc des montagnes granitiques, constitue deux massifs principaux. L'un au nord-est du granit de l'Autunois ; l'autre dans le Charollais, de Saint-Aubin à Pouilloux, Gourdon et Saint-Eusèbe-des-Bois : de là il se prolonge, par Saint-Martin-d'Auxy et Villeneuve, à Châtel-Moron.

Il constitue, entre les montagnes granitiques et le terrain houiller, de petites collines recouvertes d'arkôse, vers Baron, Gourdon et Saint-Vallier.

Il s'étend également sur la lisière sud-ouest du département, entre les granits de l'Autunois et le terrain de transition de Bourbon-Lancy.

Le gneiss présente diverses variétés et plusieurs filons.

Terrains sédimentaires de transition. — Les schistes, quartzites et marbres carbonifères forment, au sud-ouest de la masse des granits de l'Autunois, une bande continue et assez développée, de Gilly-sur-Loire à Bourbon-Lancy et Cressy-sur-Somme. Ils forment aussi de petits dépôts isolés, généralement placés sur les flancs du terrain porphyrique du Mâconnais.

Ce terrain constitue des collines ou de petites montagnes. Il donne, par décomposition, un sol argilo-siliceux maigre, mais susceptible d'emmagasiner la chaleur, par suite de sa coloration noire ou grise.

Houiller. — Le terrain houiller forme quatre dépôts :

1° Celui d'Autun, entre les montagnes porphyriques du Morvan et les montagnes granitiques de l'Autunois ;

2° Celui de Blanzy et du Creusot, formant une bande allongée de Saint-Léger-sur-Dheune à la Loire ;

3° Celui de Saint-Micaud ou de Saint-Martin-d'Auxy, formant une bande très mince de 6 kilom. de longueur ;

4° Enfin celui de la Chapelle-sous-Dun, qui affleure dans la vallée du Sornin.

Schistes d'Autun. — Les schistes d'Autun forment d'importants dépôts dans l'Autunois ; ils constituent une longue bande de Vendenesse-sur-Arroux à Montcenis, et s'observent près de Sanvignes, de Gueugnon, etc., ainsi que sur la bordure de la vallée supérieure de l'Arroux.

Grès rouge. — De Perrecy-les-Forges au Creusot, le grès rouge constitue une large bande qui se prolonge au delà d'Essertenne ; il forme une bande mince de Toulon-sur-Arroux à Montcenis ; il s'observe dans l'Autunois, et présente encore ailleurs quelques dépôts isolés.

Grès bigarré. — Le grès bigarré ou arkôse de Bourgogne couvre une région étendue dans l'Autunois, entre Autun, Saint-Sernin et Saint-Emiland ; il forme quelques dépôts dans le Charollais, vers Ciry-le-Noble, Saint-Vallier, etc. ; il s'observe également dans le Mâconnais, surtout sur la bordure des granits du Clunisois.

Calcaire magnésien. — Les calcaires magnésiens n'ont aucune importance.

Marnes irisées. — Les marnes irisées forment de longues bandes dans la région comprise entre Tintry, Couches, Change, Dennevy et Barizey; elles se montrent sur les côtes chalonnaise et mâconnaise, et forment encore ailleurs de petits dépôts.

Jurassique. — Les dislocations et les fractures qu'a subies le terrain jurassique ne permettent pas d'en étudier, pour tout le département, les divers éléments successifs; mais la côte mâconnaise, qui en présente la série la moins accidentée, peut en montrer avec précision la formation et le relief.

A la vallée argileuse formée par les marnes irisées, succède une rampe présentant le grès et les calcaires jaunâtres de l'infra-lias ou rhétien généralement cultivés; puis une saillie rocheuse, improductive et pointant au milieu des cultures, formée par le calcaire à gryphées (lias inférieur). Au delà s'ouvre une vallée constituée par les marnes du lias moyen et supérieur, cultivée ou plantée en vignes. Le bajocien ou calcaire à entroques dresse ensuite ses escarpements, et n'offre que des friches ou des bois, en raison de l'aridité presque absolue de son calcaire. Une pente porte les calcaires feuilletés, alternant avec de petits bancs marneux, de la terre à foulon, qui donne un sol riche, ferrugineux, peu profond et sec, favorable à la vigne. Les calcaires blanc jaunâtre, parsemés de rognons siliceux, du bathonien supérieur, conduisent à une petite vallée formée par les marnes du bathonien moyen, et bordée plus loin par les roches plus ou moins stériles du bathonien supérieur. Un nouveau pli de terrain présente les marnes du callovien et de l'oxfordien, dominées à flanc de coteau par les calcaires de l'oxfordien. Les calcaires blancs du corallien, rebelles à toute culture, presque toujours en friche ou boisés, viennent ensuite. Une zône de calcaires blanc jaunâtre, fissiles, marneux leur succède; c'est le terrain maigre du kimméridgien, quelquefois planté en vignes.

Telle est la description théorique de la côte mâconnaise, qui, en fait, n'offre pas cette régularité absolue de disposition.

La côte chalonnaise, à la hauteur de Buxy, présente les mêmes formations; à l'ouest de Chagny, les collines sont surtout constituées par le bathonien et l'oxfordien.

Le lias et le bajocien sont prépondérants entre Saint-Sernin-du-Plain, Saint-Gervais-sur-Couches et Epertully.

Les collines situées sur la rive gauche de la Grosne, entre Donzy-le-Royal et Cortevaix, présentent la série du rhétien au bathonien supérieur seulement.

Les calcaires hydrauliques d'Auxy sont assez développés au sud d'Auxy.

Le calcaire à gryphées forme de petits dépôts à Epertully, Saint-Romain-sous-Versigny, et dans d'autres localités.

Le terrain jurassique présente quelques-uns de ses éléments sur un certain nombre d'autres points du département.

Crétacé. — L'étage crétacé n'est représenté que par la formation de l'argile à silex, assez développée dans le Mâconnais, un peu moins dans le Chalonnais, toujours en friche ou boisée.

Tertiaire. — Le terrain tertiaire présente un très grand développement dans la Bresse, dans les vallées de la Saône, de la Grosne et de l'Arroux, dans les plaines du Brionnais et du Charollais. Les argiles bleues de la Bresse en sont, avec les sables de Chagny, l'élément le plus important.

Le limon ferrugineux, presque exclusivement boisé, a aussi une certaine étendue.

Quaternaire. — Les alluvions modernes se trouvent le long des cours d'eau actuels.

Contemporain. — Les éboulis résultant de la désagrégation des grès du trias et du lias, du calcaire à gryphées, du bathonien et du corallien, sur les vallées voisines, constituent des formations contemporaines d'une importance minime et purement locale.

Il en est de même de la formation des argiles à chailles, qui résulte de la décomposition du calcaire ferrugineux du bajocien et du bathonien; sous l'influence des agents atmosphériques et des pluies, le calcaire se dissout, en laissant un résidu argileux ocreux et les chailles siliceuses.

Plaines. — Les argiles bleues de la Bresse ne sont pas accidentées; elles ont seulement une légère pente vers l'ouest, mais elles sont ravinées par les sables de Chagny.

Vallées. — Les vallées peu importantes proviennent d'érosions, rarement de fractures, mais sont souvent parallèles aux failles. Les larges vallées de la Grosne et de la Saône sont dues à des effondrements.

§ 4. Hydrologie.

Les sources des régions éruptives sont nombreuses, mais peu abondantes; celles du terrain jurassique, rares et généralement peu importantes, excepté cependant Le Puley, Laives, et quelques autres. Le terrain tertiaire présente plusieurs niveaux d'eau, mais peu importants.

Bourbon-Lancy a une source thermale.

Toutes ces eaux forment un ensemble de 678 cours d'eau, d'un développement de 490 kilom., présentant les caractères les plus divers; vives et rapides en montagne, elles coulent plus lentement dans les vallons, s'attardent en longs méandres dans les pâturages du Charollais et dans les plaines de la Bresse, pour arriver soit à la Loire qui étale un mince ruban sur son vaste lit de sable, soit à la Saône qui a conservé la tranquillité d'un lac. Leur limpidité, leur débit, leur régime varient avec la structure, la configuration, la perméabilité et la culture des terrains qu'elles traversent. Les grandes rivières subissent

parfois des crues considérables et ont de vastes champs d'inondation; les petites étendent moins leurs dégâts et suffisent
parfois à peine à mouvoir les usines installées sur leur cours
ou à irriguer les prairies.

Les cours d'eau principaux sont, pour le bassin de la Loire :
le Sornin, l'Arconce, la Bourbince, l'Arroux et la Somme; pour
le bassin de la Saône : la Dheune, la Thalie, la Grosne, la
Mouge, la Petite-Grosne, l'Arlois et la Mauvaise, sur la rive
droite; le Doubs et la Seille, sur la rive gauche; pour le bassin
de la Seine : l'Yonne et la Cure.

290 kil. de ces rivières sont navigables.

Le département de Saône-et-Loire présente, en outre, environ 726 étangs, couvrant une superficie de 3.879 hectares,
dont 325 sur la rive gauche, 41 sur la rive droite, 200 dans
l'Autunois et 160 dans le Charollais.

Il est traversé par le canal du Centre qui relie la Saône à la
Loire, de Chalon à Digoin, et par le canal de Roanne à Digoin,
sur la rive gauche de la Loire. Ces deux canaux se rattachent au
canal latéral à la Loire, allant de Digoin à Briare.

§ 5. Climatologie.

Le climat est tempéré. Les climats locaux varient à l'infini,
avec l'altitude, l'exposition, la composition et la configuration
du sol, l'abri, le voisinage des eaux, etc. Il serait superflu de
multiplier les indications des diverses stations météorolo-
giques, et il suffira de donner celles qui se rapportent au chef-
lieu, en consignant brièvement des observations générales pour
le reste de la région.

La température moyenne de Mâcon est de + 12°; on a
observé une température maxima de + 34° en 1874, minima
de — 17° en 1879.

La pression barométrique moyenne est de 0.745, avec un
maximum de 0.771 en 1878, et un minimum de 0.713 en 1873.

Le ciel est en moyenne, pendant l'année :

Pur	93 jours.
Nuageux......	132 —
Couvert.......	130 —

Il y a en moyenne pendant l'année :

Brouillards....	27 jours.
Pluie	104 —
Orage	19 —

Les gelées durent moyennement 39 jours.
La neige tombe pendant 10 jours.
La couche d'eau annuelle atteint 0ᵐ744.
L'état hygrométrique moyen est de 76, 28.
Les vents rapportés aux points cardinaux principaux soufflent :

Du nord, pendant......		92 jours.
De l'est,	—	.....	33 —
Du sud,	—	.....	74 —
De l'ouest,	—	.....	63 —
Le temps est calme	—	.....	103 —

Les brouillards, fréquents et persistants en Bresse, sont moins durables sur les coteaux de la rive droite de la Saône, et plus rares en montagne, mais ils y sont souvent accompagnés de givre en hiver.

Les pluies sont amenées par les vents du sud et de l'ouest.

Les orages sont parfois accompagnés de grêle et de coups de foudre.

Les gelées, surtout redoutables au printemps, ne sont qu'exceptionnellement à craindre en hiver, comme en 1870-71 et 1879-80.

§ 6. Sols. Sous-Sols.

La grande variété de terrains que présente le département de Saône-et-Loire donne lieu aux cultures et aux industries les plus diverses, qui utilisent les ressources des différents sols et les richesses enfouies dans les entrailles de la terre. Cette étude est faite dans le chapitre suivant.

CHAPITRE II

DESCRIPTION DU DÉPARTEMENT AU POINT DE VUE AGRICOLE,
INDUSTRIEL ET COMMERCIAL

§ 1. Agriculture.

La répartition cadastrale des terrains du département de Saône-et-Loire est, d'après le tableau du 3 novembre 1881 :

I Terrains de qualité supérieure............	5.361 h.
II Terres labourables et terrains évalués comme terres......................	429.280
III Prés et herbages......................	140.193
IV Vignes.	45.554
V Bois................................	138.944
VI Landes, pâtis ou pâtures, et autres terrains incultes	51.374
VII Cultures ne rentrant pas dans l'énumération ci-dessus	4.038
TOTAL............	814.744 h.

Le reste, complétant la superficie de 855.174 h. que présente le département, n'étant pas imposable.

D'après la statistique générale de 1882, le département présenterait :

Terres labourables....................	427.754 h.
Vignes...........................	45.618
Prairies..........................	170.025
Bois et forêts........................	153.093
Vergers	795
Jardins de plaisance, parcs............	1.174
A REPORTER................	798.459

Report	798.459
Landes et bruyères	13.370
Terrains rocheux et montagnes incultes. .	7.004
Terrains marécageux	1.843
Tourbières	158
Territoire non agricole	34.340
Total	855.174 h.

Le tableau suivant indique l'importance relative, le rendement et la valeur des principales récoltes pour l'année 1886.

PRODUITS CULTIVÉS	ÉTENDUE	RENDEMENT EN		PRIX
		HECTOLITRES	QUINTAUX MÉTRIQUES	MOYEN
Froment	147.788	2.390.461	»	16f 84
Méteil	173	2.407	»	12 20
Seigle	19.034	266.118	»	10 50
Orge	5.210	95.572	»	11 20
Sarrazin	14.165	213.674	»	10 90
Avoine	34.198	705.688	»	8 75
Maïs	17.925	352.673	»	12 60
Colza	4.977	53.785	»	20 08
Navette	3.764	25.547	»	20 79
Vignes	37.496	731.745	»	46 51
Pommes de terre	47.607	»	3.782.814	3 89
Betteraves	3.717	»	562.927	2 »
Trèfle	15.616	»	644.269	4 79
Luzerne	3.452	»	190.572	5 10
Sainfoin	1.529	»	51.613	4 64
Fourrages annuels	10.090	»	348.165	5 09
Prairies temporaires . .	3.123	»	105.887	5 80
Prairies naturelles	127.703	»	4.451.109	6 80
Herbages	10.870	»	219.107	5 40
Chanvre	1.045	filasse . . . . 4.710 / graines . . . 2.933		85 55 / 36 19

L'élève des animaux domestiques constitue une des branches les plus importantes de la richesse agricole et présente un grand développement dans le département de Saône-et-Loire, où l'on comptait au 31 décembre 1885 :

Espèce chevaline...... 27.451 têtes.

— mulassière..... 151 —

— asine.......... 5.020 —

— bovine........ 326.112 —

— ovine.......... 147.395 —

— porcine........ 193.624 —

— caprine........ 34.597 —

et 25.341 ruches d'abeilles.

Le département de Saône-et-Loire est le berceau de la race charollaise, une des plus belles races bovines de France, utilisée pour le travail et la boucherie; cette race est principalement élevée dans les *embouches* du Charollais, du Brionnais et du Clunisois, et elle tend à descendre vers la Saône, où domine la race femeline, plus petite, mais moins exigeante. On trouve dans l'Autunois la race morvandelle, qui donne des bœufs petits, mais adroits et agiles, employés à la culture et aux charrois difficiles des montagnes.

L'espèce ovine ne présente pas de grands troupeaux.

Le porc est l'objet d'un grand élevage dans le Charollais, le Morvan et la Bresse.

Les chèvres sont nombreuses dans les pays de coteaux.

L'élève du cheval a pris un grand développement dans le Charollais, le Clunisois et l'Autunois, où les anciennes races locales (charollaise, morvandelle) ont cédé la place à une race de plus grande taille, élégante, bien membrée, ayant de l'allure, propre à la selle et au trait léger. Le Louhannais s'adonne surtout à l'élevage du cheval de gros trait.

La Bresse élève et engraisse une quantité énorme de volailles renommées.

§ 2. Industrie.

Le département de Saône-et-Loire présente un nombre très considérable d'industries, dont il n'y a lieu de mentionner ici que celles qui intéressent la question forestière, savoir les industries minière et métallurgique.

1. — MINES.

Il y a 54 concessions de mines, présentant l'état suivant au 1er janvier 1886 :

TABLEAU DES CONCESSIONS DE MINES

NATURE DES CONCESSIONS	CONCESSIONS		
	ACCORDÉES	ACTIVES	INACTIVES
Houille	24	12	12
Schiste bitumineux	21	9	12
Minerai de fer..................	3	2	1
Minerai de manganèse...........	4	2	2
Pyrite de fer	1	1	»
Minerai de plomb...............	1	»	1
TOTAL	54	26	28

1° Houillères. — TABLEAU DES HOUILLÈRES

BASSINS	CONCESSIONS	PRODUCTION EN TONNES	
		1885	1886
Blanzy et Le Creusot.	Blanzy.............	788.000	814.139
	Theurée-Maillot......	20.713	21.533
	Badeaux............	41.426	43.067
	Saint-Berain........	33.267	21.032
	Le Creusot..........	112.714	78.536
	Montchanin.........	108.606	104.713
	Longpendu	10.028	10.252
	Perrecy-les-Forges ...	13.027	17.987
Epinac.	Epinac.............	111.102	97 627
La Chapelle-sous-Dun	La Chapelle-sous-Dun. Les Moquets........	31.811	30.750
	TOTAL.........	1.270.785	1.239.636

Ces houillères ont consommé :

En 1885....... 179.699 tonnes.

En 1886....... 171.390 —

Elles ont vendu :

	En 1885.	En 1886.
Dans le département......	574.948 t.	543.053 t.
Hors du département......	538.561	534.238

dont une partie transformée en coke, vendue hors du département (22.577 tonnes en 1886, réduites par la transformation à 15.051 tonnes), ce qui ramène à 526.710 tonnes le chiffre exporté en 1886, dont :

292.355 tonnes par chemin de fer.

211.964 — par voies navigables.

12.391 — par voies de terre.

Les départements destinataires sont le Rhône, la Côte-d'Or, le Jura, le Doubs, le Cher, la Nièvre, la Loire, la Seine et l'Ain;

au dehors, l'Alsace (1.595 tonnes) et la Suisse (45.470 tonnes).

Les importations de houille se sont élevées à :

> 243.371 tonnes en 1885.
> 208.450 — en 1886.

et proviennent des bassins de Decize, de la Loire, de l'Auvergne, de Bert, d'Alais, de la Haute-Saône, de Commentry, du Bourbonnais et du Nord.

La consommation totale de la houille du département a été de 922.983 tonnes en 1886.

2° *Schistes bitumineux*. — Au 1er janvier 1887, les concessions du Ruet, de la Comaille, de Chevigny, des Miens, de Surmoulin, de Millery, de Ravelon et d'Igornay étaient en activité; celles de Margennes, de Saint-Léger-du-Bois, de la Petite-Chaume, de Dracy-Saint-Loup, de Champbois, de Champigny, de Cerveau, de Lally, d'Hauterive, des Thélots, d'Abot et de Saint-Forgeot étaient inactives.

La production a été, en tonnes :

	En 1885.	En 1886.
Schistes bitumineux.......	112.728	116.763
Boghead...............	4.192	6.851

3° *Fer*. — L'extraction des deux mines de fer de Change et de Mazenay n'a été que de :

Minerai de fer, en 1885, 115.616 t.; en 1886, 70.496 t.

La concession de Chalencey reste inexploitée.

4° *Manganèse*. — Les mines de Romanèche, presque complètement arrêtées en 1885, ont repris un peu d'activité en 1886. L'extraction a été :

Minerai de manganèse, en 1885, 827 t.; en 1886, 9.628 t., soit, pour 1886, 5.599 tonnes de minerai préparé.

Les concessions de la Vieille-Cure et de la Réserve-de-l'Eglise sont restées inexploitées.

5° *Pyrite de fer.* — L'extraction de Chizeuil a été, pour 1886, de 15 tonnes de pyrite.

6° *Galène.* — La concession de Mesmon reste inexploitée.

7° *Carrières.* — Le département de Saône-et-Loire présente un nombre considérable de carrières de toute nature : pierres de taille, moellons, pavés, pierres à plâtre, pierres à chaux, argiles réfractaires, silex, sables, etc.

II. — MÉTALLURGIE

L'industrie métallurgique a produit en tonnes :

		En 1885.	En 1886.
Fonte		114.385	75.129
Fer.	Fers marchands et fers spéciaux.	37.726	45.589
	Tôles	10.277	6.881
Acier.	Rails	49.997	27.624
	Tôles et moulages	10.781	9.409
	Bandages, canons, frettes, etc..	17.431	17.876

§ 3. Commerce.

Le commerce, qui s'exerce sur toutes les branches de la production et de la consommation tant intérieure qu'extérieure, est excessivement développé. Il sortirait du cadre de cette étude d'en indiquer les nombreuses manifestations; mais pour donner une idée de l'importance du département de Saône-et-Loire, il suffira de signaler le produit des diverses sources de revenus publics et de mentionner l'outillage mis au service de la production et de l'échange.

§ 4. Importance du département.

Le budget départemental a été réglé, en 1885, sur 3.795.163 fr. 75 de recettes, et 3.588.384 fr. 45 de dépenses.

Le montant des livrets de Caisse d'épargne (non compris la Caisse d'épargne postale) était, au 31 décembre 1886, de

22.479.464 fr. 63; dans le courant de 1886, le montant des dépôts s'est accru de 1.425.212 fr. 53.

Le montant du rôle des contributions directes a été, pour 1886, de 9.443.000 fr.

Le produit des contributions indirectes a été, pour la même année, de 12.106.832 fr.

Celui des postes, de 1.435.266 fr.; des télégraphes, 134.054 fr.

L'enregistrement, les domaines et le timbre ont donné 6.576.210 fr. 18.

§ 5. Outillage industriel.

Usines à eau. — Il existe, sur les cours d'eau, 1.100 usines, dont 1.035 moulins, employant une force motrice brute d'environ 14.000 chevaux.

Usines à vapeur. — 976 établissements, existant au 1er janvier 1887, offraient : 1.473 machines d'une force totale de 26.726 chevaux, 1.556 chaudières motrices, 69 chaudières calorifères et 34 récipients de vapeur.

§ 6. Moyens de transport

Les transports s'effectuent par chemin de fer, voies de terre et voies d'eau.

Chemin de fer. — Les lignes de chemin de fer, en activité au 1er janvier 1887, ont un développement de 641 kil. La ligne de Chalon à Roanne et celle de Saint-Gengoux à Montchanin ont été ouvertes depuis. Plusieurs autres lignes sont à l'état d'études ou de projets.

Voies de terre. — Le département de Saône-et-Loire est traversé par :

8 routes nationales d'un développement de 590 kil. présentant une circulation de 182 colliers par jour ;

96 chemins de grande communication, de 2.280 kil. de développement, dont 2.270 kil. à l'état d'entretien, et 10 kil. à l'état de construction ;

2

112 chemins d'intérêt commun se développant sur 1.290 kil., dont 1.253 kil. à l'état d'entretien (dépense 0 fr. 30 par mètre courant), et 37 kil. à l'état de construction ou en lacune;

8.285 kil. de chemin vicinaux. dont :

     5.902 kil. à l'état d'entretien.
     291 —— en construction.
     2.092 — en lacune.

Le dépense d'entretien des chemins vicinaux est de 0 fr. 15 par mètre courant.

Les chemins ruraux présentent un développement considérable, mais laissent souvent à désirer pour la viabilité.

Il existe, en outre, des chemins particuliers.

Voies d'eau. — Les transports par eau présentent un intérêt tout particulier pour les bois ; il est donc nécessaire d'entrer dans des détails, pour en faire connaître l'économie, apprécier les avantages et l'importance.

Le département de Saône-et-Loire est doté de deux artères magistrales de navigation, la Saône et le canal du Centre, qui le mettent en communication avec le Nord, l'Est, le Centre et le Midi de la France, la Belgique, l'Alsace-Lorraine et la Suisse, la mer du Nord, l'Océan et la Méditerranée.

Le Doubs et la Seille sont navigables, ainsi que la Loire et l'Arroux ; l'Yonne et quelques autres cours d'eau sont flottables.

Enfin le canal de Roanne à Digoin et le canal latéral à la Loire complètent le réseau.

Saône. — La Saône prend sa source à Viosménil, dans les Vosges, et se jette dans le Rhône, à Lyon, après un parcours de 482 kil., réduits par des coupures de dérivation à 454 kil.

Elle débite : en basses eaux, 40 m. c. à Chalon, 50 à Mâcon et 65 à Lyon; en cas d'extrême étiage, 25 m. c. à Chalon et 30 m. c. à Lyon; pendant les crues, jusqu'à 2.000 m. c. à Chalon et 3.000 m. c. à Lyon.

La hauteur des plus grandes crues est de 8 m. à Verdun et de 11 m. à Lyon ; le champ d'inondation a une largeur de 2.400 mètres sur la grande Saône.

La Saône a été canalisée dans le but de procurer à cette rivière, de Port-sur-Saône à Lyon, un tirant d'eau normal minimum de 2^m 60, qui existe actuellement partout. Il en résulte que la pente à l'étiage est factice, les eaux étant partout et constamment retenues par des barrages.

Ces ouvrages sont fixes ou mobiles, et les chutes sont franchies par des écluses à sas.

Sur la Saône supérieure, de Port-sur-Saône à Gray (longueur 84 kil.), il y a 11 biefs ; les écluses sont du type des écluses de canal : 38^m 50 de longueur utile de sas, et 5^m 20 de largeur.

Sur la petite Saône, de Gray à Verdun (longueur 116 kil.), il y a 9 barrages avec écluses de 46 m. de long et 8 m. de large.

Sur la grande Saône, de Verdun à Lyon (167 kil.), il existe 5 grands barrages : les écluses ont 150^m 40 de longueur de sas utile, et 16 m. de largeur ; les barrages ont des passes navigables qu'on ouvre quand les eaux atteignent un niveau suffisant.

La canalisation de la Saône est complétée, pour la traversée de Lyon, par le barrage de la Mulatière.

Sur la petite Saône et sur la grande Saône, la remonte des marchandises se fait généralement par des remorqueurs à vapeur, de la force de 100 chevaux, pouvant conduire 7 à 8 bateaux à pleine charge et un nombre à peu près illimité de bateaux vides. Sur la Saône supérieure, où les écluses ne peuvent admettre qu'un bateau, le halage est la règle : deux chevaux mènent un bateau chargé en moyenne de 150 tonnes, avec une vitesse de 20 kil. par jour ; il y a cependant aussi des services de remorqueurs à vapeur.

La plupart des bateaux de la Saône ont des dimensions qui leur permettent de circuler sur les canaux, et portent 120 à 150 tonnes, quelquefois 220 à 245 tonnes. Les bateaux de canal, nouveau type, ont 38^m 50 sur 5 mètres, et portent 300 tonnes; un grand nombre de ces bateaux arrivent par le canal du Rhône au Rhin. On emploie aussi, pour le transport des fourrages, de la paille, du bois et des fagots, de grands bateaux appelés *Savoyardes*, ayant jusqu'à 50 m. de longueur et 9 à 10 mètres de largeur.

Les principales marchandises sont :

A la descente : houilles, fers et fontes de l'Est, matériaux de construction, bois de feu et de service des Vosges, de la Haute-Saône et du Doubs, produits agricoles et industriels, denrées alimentaires.

A la remonte : houilles, matériaux de construction, produits agricoles, vins, spiritueux.

TABLEAU DU MOUVEMENT COMMERCIAL

ANNÉES	DESCENTE			REMONTE		
	NOMBRE DE BATEAUX		TONNAGE effectif.	NOMBRE DE BATEAUX		TONNAGE effectif.
	Vides.	Chargés.		Vides.	Chargés.	
De Corre à Saint-Jean-de-Losne (163 kilomètres).						
1886	701	1.623	230.731	1.201	1.182	125.138
De Saint-Jean-de-Losne à l'Ile-Barbe (202 kilomètres)						
1882	499	2.912	263.560	2.143	1.134	139.988
1883	433	3.454	313.437	3.408	1.279	154.856
1884	548	3.520	318.762	2.604	1.459	178.913
1885	301	3.765	321.221	2.093	1.219	146.733
1886	399	4.187	409.609	1.970	1.683	185.905

Le mouvement des trains de bois, qui se fait exclusivement à la descente, a été :

	ANNÉES	NOMBRE	TONNAGE
De Corre à Saint-Jean-de-Losne.......	1882	40	1.339
	1883	23	1.237
	1886	275	35.217
De Saint-Jean-de-Losne à l'Ile-Barbe...	1882	281	56.880
	1883	296	53.721
	1884	354	75.063
	1885	261	64.336
	1886	263	54.135

Les principaux ports de la Saône présentent un mouvement de :

	ARRIVAGES	EXPÉDITIONS
Saint-Jean-de-Losne................	1.000 т	44.700 т
Chalon.........................	23.200	7.500
Mâcon.........................	6.200	5.000

Le port de Saint-Jean-de-Losne expédie à Lyon et sur le canal du Centre des bois flottés, provenant de l'Allemagne et du littoral du canal du Rhône au Rhin, qui sont formés à Saint-Jean-de-Losne en grands coupons de radeaux. Chalon et Mâcon reçoivent des bois provenant du Doubs et du canal du Rhône au Rhin.

Le taux du fret, pour les principales marchandises et pour les parcours généralement suivis, est :

	DISTANCE	PRIX PAR TONNE	
		PARCOURS entier.	par kilomètre.
A la remonte :			
Houille. Chalon à Saint-Symphorien.........	78k	3 »	0 038
Bateau vide { le prix s'applique au tonnage que comporte le bateau..........	»	»	0 035
A la descente :			
Houille. { Sarrebrück à Dijon...............	448	9 50	0 020
Houille. { Chalon à Lyon (port de Serin)......	134	3 »	0 022
Bois de chauffage. { Gray à Lyon.............	276	5 »	0 018
Bois de chauffage. { Dôle à Lyon............ .	231	5 »	0 022
Bois de chauffage. { Saint-Symphorien à Chalon..	78	2 50	0 031
Bois de service. { Saint-Jean-de-Losne à Lyon ..	208	4 50	0 019
Bois de service. { Besançon à Lyon...........	290	6 »	0 021
Bois de service. { Louhans à Lyon.............	138	3 50	0 025
Radeaux. Chêne. { St-Jean-de-Losne à Beaucaire.	482	14 »	0 029
Radeaux. Chêne. { — à Lyon	208	7 »	0 034
Radeaux. Sapin. { — à Beaucaire.	482	5 »	0 010
Radeaux. Sapin. { — à Lyon.	208	2 60	0 012
Bateau vide (même observation que plus haut)..	»	»	0 0026

Les chômages ont été en moyenne, en 1885 et 1886, pour cause de brouillards, glaces, vents, hautes eaux, accidents, etc.:

	NAVIGATION	
	LIBRE	A VAPEUR
Saône supérieure...............	74 jours	74 jours
Petite Saône...................	67	58
Grande Saône	52	25

outre le chômage normal de 22 à 26 jours.

La navigation de la Saône est donc assurée dans les meilleures conditions, et, depuis l'achèvement des travaux en 1883, le mouvement commercial a suivi une progression rapide.

Doubs. — Depuis la construction du canal du Rhône au Rhin et du chemin de fer de Chalon à Dôle, la navigation est peu importante sur le Doubs, et ne dure guère que 60 jours par an.

Sur la partie navigable, entre Navilly et Verdun, le mouvement par bateaux est évalué à :

3.800 tonnes pour 1885,

6.200 — — 1886,

avec un parcours moyen de 2 à 6 kilomètres.

Les bois descendus par radeaux sont évalués à :

10.000 stères en 1883.

9.000 — — 1884.

7.900 — — 1885.

9.000 — — 1886.

Seille. — La Seille est canalisée sur une longueur de 39 kil. à partir de son embouchure dans la Saône à La Truchère. Le tirant d'eau normal est de 1^m 50 à 1^m 60. Le chômage est en moyenne de 90 jours par an. La rivière a été fréquentée :

En 1885 par 329 bateaux et radeaux portant 12.783 t.

En 1886 — 289 — — — 12.733

Loire. — La navigation de la Loire, entre Digoin et Briare, n'est possible que pendant 6 à 8 mois de l'année, surtout en raison des basses eaux. Aussi le mouvement commercial y est-il assez faible, et ne s'est-il élevé, pour cette partie, qu'à :

	BATEAUX		TRAINS DE BOIS	
	NOMBRE	TONNAGE	NOMBRE	TONNAGE
En 1885...........	112	3.399	10	680
En 1886...........	97	2.886	11	470

La navigation préfère au fleuve le canal de Roanne à Digoin et le canal latéral à la Loire.

Arroux. — La navigation de l'Arroux est absolument nominale, et cette rivière n'a guère été maintenue en 1885 au tableau des rivières navigables que pour garantir à l'État le droit d'en détourner les eaux pour l'alimentation du canal du Centre. Les bateaux suivent de préférence la rigole d'Arroux (entre Digoin et Gueugnon), qui débouche dans le canal du Centre et sur laquelle il y a un mouvement annuel de 40 à 50.000 tonnes.

Canal du Centre. — Le canal proprement dit (116 kil. de longueur) a un tirant d'eau de $1^m 60$ à $1^m 80$ qui doit être porté partout à 2 m. Les travaux qu'on poursuit actuellement permettront la navigation aux bateaux de $38^m 50$, pouvant porter 300 tonnes, et les péniches, arrivant en assez grand nombre à Chalon, du Nord de la France, de la Belgique, de l'Alsace-Lorraine, par le canal du Rhône au Rhin, pourront y circuler.

Sur la rigole d'Arroux, le tirant d'eau normal est de $1^m 50$.

Au chômage normal de 58 jours, il faut ajouter environ 26 jours pour les glaces, les accidents, les crues de la Saône, etc.

Le tonnage total absolu des marchandises qui ont circulé sur le canal a été :

En 1879 de 820.812 tonnes.
1882 — 1.084.550 —
1885 — 917.460 —
1886 — 1.082.289 —

La canal n'a presque pas de transit : c'est surtout une voie d'expédition et d'arrivage ; le trafic intérieur y est très développé.

A charge pleine, avec l'ancien enfoncement règlementaire de $1^m 35$, les bateaux ne portent guère que 115 à 120 tonnes ; sur la rigole d'Arroux, qui a une petite section, circulent seulement les bateaux dits *Berrichons* portant 65 tonnes.

Canal de Roanne à Digoin. — Le canal de Roanne à Digoin, qui traverse une petite partie du département située sur la rive gauche de la Loire, a été fréquenté :

En 1885 par 2.690 bateaux portant 227.478 tonnes.
En 1886 — 3.682 — — 308.305 —

Il y a en moyenne 74 jours de chômage par an.

Les écluses sont de l'ancien type ; les améliorations prévues par la loi du 5 août 1878 n'ont pas encore été entreprises.

Canal latéral. — Le canal latéral à la Loire, qui relie le canal du Centre au centre de la France, a été fréquenté :

En 1885 par 13.175 bateaux portant 950.932 tonnes.
En 1886 — 15.503 — — 1.125.762 —

Le chômage annuel est en moyenne de 65 jours.

Flottage. — Indépendamment du *flottage en trains de bois* qui a été signalé sur la Loire, la Saône, le Doubs et la Seille, le *flottage à bûches perdues* se pratique dans le Morvan autunois, sur les cours d'eau du bassin de la Seine : l'Yonne, la Cure et quelques-uns de leurs affluents.

Ce mode de transport s'applique exclusivement aux bois de chauffage destinés à l'approvisionnement de Paris : *moulée* de 1^m 137 de longueur et 0^m 05 de diamètre minimum au petit bout, *menuise* de même longueur et de grosseur moindre.

Après l'exploitation, les bûches sont descendues le long des ruisseaux et empilées sur des *ports* où elles sont marquées du marteau du propriétaire ; des étangs ménagés sur le cours des rivières fournissent, par des *éclusées*, le *flot*, dans lequel les bois sont *jetés* et *écoulés* avec le courant. Le *tirage* et le *triquage* s'opèrent à Clamecy pour l'Yonne, à Cravant pour la Cure, et les bûches sont mises en *trains*, généralement de 23 décastères, pour descendre sur Paris par l'Yonne et par la Seine ; depuis quelques années les bois se chargent également sur bateaux.

De sa source (au port des Lamberts, près du mont Beuvray)
jusqu'à Clamecy, l'Yonne présente un parcours de 120 kil. qui
s'effectue en 20 ou 30 heures; elle a 165 kil. de Clamecy à
Montereau, où elle se jette dans la Seine. Il y a 104 kil. de
Montereau à Paris.

La Cure a un développement de 40 kil. jusqu'à sa jonction
avec l'Yonne, à Cravant.

Le flottage s'exerce encore sur une infinité d'autres petits
ruisseaux, mais dans des conditions moins avantageuses, parce
que les obstacles naturels entravent le transport et causent aux
bois des avaries qui les déprécient.

Les travaux d'amélioration ont naturellement porté sur les
rivières les plus importantes : ils consistent en dégagement et
redressement du lit des cours d'eau, création et aménagement
des réservoirs, organisation d'un service complet d'exploitation
et de surveillance. L'ouvrage le plus considérable a été l'établissement du *lac des Settons*, sur la Cure, qui contient
22.000.000 m. c. d'eau, couvre une superficie de 400 hectares
et offre une hauteur d'eau de 21 m. au barrage. Toutes ces
améliorations ont été complétées par la canalisation de l'Yonne.

Le flottage amenait, en 1876, des forêts du Haut-Morvan aux
ports de l'Yonne, 18.000 décastères de bois; il représente
encore aujourd'hui un mouvement considérable, quoique en
décroissance.

Du lieu de *jetage* au port de *tirage,* les frais de toute sorte
(flottage, mise en état, facteurs, etc.) s'élèvent à 14 fr. par
décastère; la *mise en trains* et la *conduite* à Paris, 28 fr.; soit
une dépense totale de 42 fr. par décastère, non compris les
droits d'entrée, d'octroi, de chantiers, etc., de cette place.

§ 7. Division administrative.

Le département de Saône-et-Loire est divisé en 5 arrondissements, 50 cantons et 589 communes.

§ 8. Population.

D'après le dénombrement de 1886, il y a 625.885 habitants.

CHAPITRE III

DESCRIPTION DU DÉPARTEMENT AU POINT DE VUE FORESTIER

§ 1. Végétation ligneuse.

La végétation ligneuse du département de Saône-et-Loire est celle du centre de la France ; il suffira donc d'en signaler les particularités locales.

Les essences spontanées, qui se trouvent en forêt, sont le chêne, le hêtre, le charme, le bouleau, le tremble, l'aulne, le frêne, l'orme, l'érable, le châtaignier, le cerisier, le sorbier, l'alisier, le tilleul, le poirier, le pommier, le saule, le cythise et le sapin.

Les essences naturalisées sont l'acacia, l'épicéa, le mélèze, le pin sylvestre, le pin noir d'Autriche, le pin du lord Weymouth, le cèdre.

Les végétaux ligneux secondaires sont très nombreux : coudrier, cornouiller, bourdaine, épine noire, épine blanche, épine vinette, néflier, genévrier, houx, nerprun, fusain, et beaucoup d'autres. Le sous-bois présente des églantiers, ronces, framboisiers, chèvre-feuilles, daphnés, viornes, buis, genêts, bruyères, etc.

Dans les champs, on trouve des noyers, peupliers, marronniers, platanes et fruitiers divers ; dans les parcs et jardins, une foule de variétés étrangères introduites.

La répartition de ces divers végétaux tient surtout à la composition minéralogique des sols; la végétation ligneuse des terrains calcaires est beaucoup plus variée que celle des terrains siliceux.

Chêne. — Le chêne constitue l'essence la plus importante, en même temps que la plus précieuse, des forêts de Saône-et-Loire. Outre les deux espèces de chêne dont les caractères et les préférences sont bien connus (chêne rouvre et chêne pédonculé), on distingue une variété de chêne pédonculé sous le nom de *chêne tardif,* qu'on rencontre dans la Bresse chalonnaise et dans la Bresse louhannaise (à Pourlans, Cuiseaux, au Miroir, à Sagy, Beaurepaire, Saillenard, Bosjean, Beauvernois, etc.), ainsi que dans le Doubs et le Jura, sur les alluvions tertiaires, entre 170 et 250 m. d'altitude. Ce chêne a des racines pivotantes, un port élancé, les branches franchement relevées, les feuilles garnies à la base de deux oreillettes contournées caractéristiques. Les feuilles et les fleurs apparaissent au plus tôt le 1er juin, souvent à la fin de ce mois. Les glands sont de grosseur moyenne, acuminés, portés, au nombre de un ou de deux au plus, sur de très longs pédoncules; la cupule très peu embrassante est rugueuse, à peine tomenteuse et d'un gris brunâtre terne.

Cette variété tardive a l'avantage d'échapper aux gelées du printemps si fréquentes en Bresse, et se trouve ainsi dans des conditions particulièrement favorables de végétation et de fructification.

Le bois du chêne tardif est plus blanc et moins sujet aux tares que celui du chêne pédonculé; mais il n'acquiert toutes ses qualités qu'avec l'âge, car il est très estimé dans la Bresse chalonnaise, où il présente de vieux sujets, tandis qu'il l'est moins dans le Louhannais où il est exploité jeune.

Hêtre. — Le hêtre est très abondant et prédominant dans l'Autunois; il est en mélange dans le Charollais et le Mâconnais; rare dans les plaines et sur les premiers coteaux de la rive droite de la Saône, il ne se rencontre pas sur la rive gauche.

Frêne. — *Orme.* — Les forêts de la Bresse présentent un très grand nombre d'ormes et de frênes magnifiques et excellents.

Châtaignier. — Les gros pieds de châtaignier sont assez rares dans la partie est du département, où ils ont été généralement exploités pour les fabriques d'acide gallique de Lyon ; mais ils sont encore nombreux dans les parties plus reculées de l'ouest, où l'on voit des arbres énormes, le plus souvent creux ou tarés, conservés pour le fruit. Le châtaignier croît en mélange dans les taillis, et constitue quelques petits massifs à l'état pur.

Son bois est estimé à l'égal du chêne.

Fruitiers. — Les fruitiers n'occupent qu'une place très subordonnée. L'alisier blanc est abondant sur les crêtes calcaires dédaignées de la plupart des autres essences forestières.

Cythise. — Le cythise mérite une mention spéciale, car il se contente des calcaires arides de la grande oolithe et même du bajocien, si pauvres en terre végétale, et il y constitue des fourrés compacts.

Bois blancs. — Le bouleau, le tremble et l'aulne présentent une véritable importance dans les forêts de la Bresse.

Sapin. — Le vaste empire du sapin qui s'étend, depuis le Midi de la France, sur la chaîne de séparation des versants de l'Océan et de la Méditerranée, dans la montagne Noire, les Cévennes, les monts d'Auvergne, du Velay, du Forez, du Lyonnais et du Beaujolais, a sa frontière septentrionale dans le département de Saône-et-Loire.

On trouve le sapin à l'état spontané, au bas des versants exposés au nord de quelques ravins de la région montagneuse du Sud-Est : dans le massif de Dun, à Gibles, Montmelard et Saint-Racho ; un petit bouquet de très vieux sapins existe à Artus, sur le territoire de Beaubery ; Germolles, près de Tramayes, offre deux massifs, l'un au bois du Clairon, l'autre adossé au bois des Roches ; enfin Pierreclos, qui en est l'extrême station, présente une petite sapinière très fraîche et très vigoureuse, quoique dévastée par l'ouragan de 1879.

Tous ces bouquets de sapins, qui ne présentent pas, à vrai dire, d'importance bien considérable, doivent être regardés comme des fleurons détachés des vastes et belles sapinières du Beaujolais (Chenelette, Saint-Igny-de-Vers, Monsols, Cenves).

Le sapin a une végétation rapide, un fût conique et peu élevé ; il a une tendance prononcée à l'expansion, et s'installe puissamment dans les taillis voisins ; la semence est abondante, le jeune plant tenace, et l'on favorise, en général, son développement, car il a de la valeur, malgré la qualité médiocre de son bois.

Epicéa. — L'épicéa n'est pas spontané dans la région ; c'est une essence de reboisement, dont la végétation est rapide, mais dont la durée ne dépasse pas 50 à 60 ans.

Mélèze. — Il en est de même du mélèze, dont la croissance est encore plus rapide.

Pins. — Le pin sylvestre présente quelques massifs dans la région montagneuse où il a été introduit pour le reboisement de landes improductives.

Le pin d'Autriche, d'introduction plus récente, est préférable dans les terrains calcaires.

Le pin maritime a presque totalement disparu à la suite des hivers rigoureux de 1870 et de 1879.

On trouve quelques échantillons de pins Weymouth.

Toutes ces essences sont naturalisées et se reproduisent bien facilement par la semence.

Cèdre. — Le cèdre résiste difficilement aux grandes gelées ; c'est un arbre d'agrément : on n'en trouve que des débris dans les reboisements.

Végétaux secondaires. — Le coudrier est abondant sous les taillis élancés de chêne de la Bresse, et se trouve également en colline et en montagne.

Le buis constitue sur certains bancs calcaires des fourrés impénétrables.

Le genêt à balais et la bruyère, qui couvrent de vastes étendues dans le Charollais et l'Autunois, se trouvent également en forêt.

§ 2. Etendue des Forêts.

D'après les évaluations les plus probantes, à défaut de documents d'une authenticité indiscutable, l'étendue des forêts dans le département de Saône-et-Loire est de 155.000 hectares, soit le 1/5 de la superficie du département, et 0 h. 24 a. 76 c. par tête d'habitant.

§ 3. Répartition de la propriété forestière.

Il est impossible d'indiquer le nombre de mains entre lesquelles est répartie la propriété forestière : celle-ci est divisée en deux grandes catégories, savoir :

1° Les forêts soumises au régime forestier, gérées par l'administration forestière, comprenant la totalité des bois de l'État et ceux des bois appartenant aux communes, sections de communes et établissements publics qui ont été reconnus susceptibles d'aménagement ou d'exploitation régulière.

2° Les forêts non soumises au régime forestier, comprenant le reste des bois du département.

Forêts soumises au régime forestier. — Les forêts soumises au régime forestier comprennent :

Bois appartenant à l'État................ 13.628 h. 71 a.
— — aux communes et sections. 26.827 84
— — établissements publics... 1.151 81

TOTAL.......... 41.608 h. 36 a.

soit 5 0/0 de la superficie du département.

Les communes et sections de commune possèdent, en outre, 613 h. 08 a. de terrains soumis au régime forestier, à titre de reboisements facultatifs, dont 439 h. 94 a. sont encore à l'état de friches, et 173 h. 14 a. seulement sont reboisés. L'étendue totale des terrains soumis au régime forestier est donc de 42.221 h. 44 a.

Si l'on compare l'étendue des forêts de ces trois catégories de propriétaires à l'étendue des forêts soumises et à l'étendue totale du département, la proportion de forêts est :

	RELATIVEMENT A LA SURFACE		
	SOUMISE	BOISÉE	DU DÉPARTEMENT
Bois de l'État................	33 0/0	9 0/0	2 0/0
— des communes et sections...	64 0/0	17 0/0	3 0/0
— des établissements publics..	3 0/0	1 0/0	»

Forêts non soumises au régime forestier. — Les forêts non soumises au régime forestier ont une étendue de 113.400 h. en chiffres ronds, ce qui représente :

	RELATIVEMENT A LA SURFACE	
	BOISÉE	DU DÉPARTEMENT
Une proportion de..........	73 0/0	13 0/0

— 33 —

§ 4. Distribution des forêts par arrondissements.

Les forêts soumises au régime forestier se répartissent entre les arrondissements communaux de la façon suivante :

ARRONDISSEMENTS	CONTENANCE DES FORÊTS SOUMISES			
	DOMANIALES	COMMUNALES	ÉTABL. PUBLICS	TOTAL
	h. a.	h. a.	h. a.	h. a.
Autun............ ...	5.917 32	2.767 77	60 31	8.745 40
Chalon...........	4.445 41	11.128 72	264 03	15.838 16
Charolles........	843 58	1 694 26	742 42	3.280 26
Louhans	»	3.083 60	27 30	3.110 90
Mâcon.	2.422 40	8.593 43	57 75	11.073 58
Total......	13.628 71	27.267 78	1.151 81	42.048 30

Les forêts non soumises au régime forestier se répartissent :

ARRONDISSEMENTS	ÉTENDUE
Autun...................	26.790 h.
Chalon..................	21.020
Charolles...............	37.140
Louhans	17.400
Mâcon..................	11.050
Total	113.400

3

2ᵉ PARTIE

BOIS SOUMIS AU RÉGIME FORESTIER

CHAPITRE I

ADMINISTRATION FORESTIÈRE

---

§ 1. Service d'administration.

Le département de Saône-et-Loire forme, avec celui de l'Ain, la 17ᵉ conservation, dont le siège est à Mâcon, et qui comprend 98.426 h. 54 a. de bois soumis au régime forestier.

Il est divisé en 3 inspections et 8 cantonnements :

ARRONDISSEMENTS	INSPECTIONS	CANTONNEMENTS
Autun.	Autun.	Autun-Est. Autun-Ouest.
Chalon. Louhans.	Chalon.	Chalon-Nord. Chalon-Sud. Louhans.
Charolles. Mâcon	Mâcon	Charolles. Cluny. Mâcon.

Les frais d'administration, comprenant le personnel des agents et des bureaux de la conservation et des inspections, s'élèvent à 54.394 fr. 59 pour Saône-et-Loire, soit 1 fr. 29 par hectare; ils sont susceptibles de légères modifications résultant de la composition et du traitement des cadres.

§ 2. Service de surveillance.

Le service de surveillance comprend 134 préposés :

19 brigadiers.
- 8 domaniaux, dont 1 à triage.
- 3 mixtes, dont 1 à triage.
- 8 communaux, tous à triage.

115 gardes. $\begin{cases} 10 \text{ domaniaux.} \\ 25 \text{ mixtes.} \\ 80 \text{ communaux.} \end{cases}$

avec une étendue moyenne de triage de 350 hectares, variant de 13 h. 47 a. à 735 h. 01 a.

L'extrême dissémination de certains massifs ne permet pas, sur bien des points, d'augmenter la contenance des bois confiés au même garde; ailleurs les municipalités s'opposent à la réunion des bois de différentes communes pour constituer des garderies suffisamment occupées et rémunérées.

Les brigadiers domaniaux et mixtes touchent 900, 1.000 et 1.100 fr.; les gardes domaniaux et mixtes de 700 à 800 fr.; les brigadiers communaux ont un traitement variant de 372 à 788 fr., soit en moyenne 618 fr.; les gardes communaux de 24 à 711 fr., en moyenne, 390 fr.

Outre leur traitement, les préposés forestiers touchent quelques allocations en nature (chauffage, logement, pâturage, affouage, etc.), ou des salaires comme gardes champêtres, gardes particuliers, moniteurs de bataillons scolaires, etc., quand ils sont autorisés à occuper ces fonctions, et parfois des gratifications en argent sur les coupes extraordinaires.

La surveillance coûte, en moyenne, pour les bois :

Domaniaux............ 2 fr. 31 l'hectare.
Communaux........... 1   47   —
D'établissements publics. 2   08   —

Les préposés sont habillés, équipés et armés, et forment la 17ᵉ compagnie active de chasseurs forestiers, immédiatement mobilisable en temps de guerre, sous la conduite de quelques agents désignés comme officiers.

CHAPITRE II

FORÊTS DOMANIALES

§ 1. Indication.

L'Etat possède en toute propriété, dans le département de Saône-et-Loire, 21 forêts d'une contenance totale de 13.628 hectares 71 ares.

Il n'y a pas de forêts d'apanage, ni de majorat réversible, ni en état d'indivision entre l'Etat et d'autres propriétaires ; quelques forêts domaniales sont seulement grevées de droits d'usages.

TABLEAU DES FORÊTS DOMANIALES

ARRON-DISSEMENTS	FORÊTS	CONTENANCE	ESSENCES PRINCIPALES	TRAITEMENT
		h. a.		
Autun.	Les Battées.....	448 61	Chêne, hêtre, charme.	Conversion en futaie.
	Les Feuillies....	419 26	Chêne, charme, hêtre.	Id.
	Glenne........	411 60	Hêtre.	Futaie.
	Pierre-Luzière..	590 37	Chêne, charme, hêtre.	Taillis sous futaie.
	Planoise	2.571 57	Hêtre, chêne.	Futaie, conversion.
	Saint-Prix	1.013 41	Hêtre, épicéa, sapin.	Futaie.
	Saint-Sernin....	462 50	Chêne, charme, hêtre.	Conversion.
Chalon.	Les Etangs.....	627 53	Chêne, tremble, charme.	Id.
	La Ferté...	1.792 03	Chêne, charme, tremble.	Id.
	Labergement ...	352 79	Chêne, charme.	Id.
	Marloux	507 69	Chêne, charme, tremble.	Id.
	Palleau	499 07	Chêne, charme.	Id.
	Pourlans.......	666 30	Id.	Id.
Charolles.	Le Carterand ...	161 04	Chêne, hêtre.	Id.
	Les Charmays ..	246 40	Chêne, charme.	Id.
	Charolles	436 14	Id.	Id.
Mâcon.	Chapaize..... .	461 23	Id.	Id.
	Cluny	475 37	Id.	Id.
	Le Grison.... .	557 18	Hêtre, chêne, charme.	Futaie, conversion.
	La Grosne.....	440 93	Chêne, charme, hêtre.	Conversion.
	Les Trois-Monts.	487 69	Hêtre, chêne.	Id.
	TOTAL......	13.628 71		

§ 2. Répartition.

Ces forêts se répartissent :

Au point de vue orographique, en :

$$
\left.
\begin{array}{lr}
\text{Forêts de plaine} \ldots \ldots & 5.407^{h} \\
\text{Forêts de coteau} \ldots \ldots & 7.209 \\
\text{Forêts de montagne} \ldots \ldots & 1.013
\end{array}
\right\} 13.629^{h}
$$

Au point de vue géologique :

$$
\text{Sur le} \left\{
\begin{array}{lr}
\text{Granit ou porphyrè} \ldots & 2.272^{h} \\
\text{Gneiss} \ldots \ldots & 1.590 \\
\text{Trias} \ldots \ldots & 3.508 \\
\text{Jurassique} \ldots \ldots & 797 \\
\text{Tertiaire} \ldots \ldots & 1.462
\end{array}
\right\} 13.629
$$

Au point de vue minéralogique :

$$
\text{En sol} \left\{
\begin{array}{lr}
\text{Calcaire} \ldots \ldots & 340^{h} \\
\text{Non calcaire} \ldots \ldots & 13.289
\end{array}
\right\} 13.629
$$

§ 3. Origine.

Elles proviennent :

$$
\left.
\begin{array}{lrr}
\text{De l'ancien domaine royal} \ldots & 7.377^{h} & 23^{a} \\
\text{Des biens du clergé} \ldots \ldots & 6.251 & 48
\end{array}
\right\} 13.628^{h} \ 71^{a}
$$

L'évêché d'Autun possédait les Battées; les Dames de Saint-Andoche, d'Autun, une partie de Saint-Prix; Saint-Sernin appartenait au prieuré de ce nom; les Etangs, partie à l'abbaye de Mézières, partie à l'évêché de Chalon; la Ferté, à l'abbaye de la Ferté; Labergement, en partie à l'abbaye de Saint-Marcel; Marloux, à l'abbaye de Remiremont; Palleau, en partie au chapître de la cathédrale de Dijon, à l'évêché de Chalon et à l'abbaye de Morlaise; Pourlans, au Collège de

Dijon ; un canton des Trois-Monts, à la cure de Bergesserin ;
enfin l'abbaye de Cluny possédait directement, ou affectés à
ses prieurés de Bragny, d'Anzy et de Marcigny, le Carterand,
les Charmays, Cluny, la Grosne et partie du Grison et des
Trois-Monts.

§ 4. Limites.

14 forêts sont complètement délimitées, 4 partiellement
et 2 non délimitées.

§ 5. Traitement.

20 forêts sont traitées en futaie ou en conversion de taillis
en futaie, 1 en taillis sous futaie. Toutefois, des projets
d'aménagement sont étudiés pour remettre en taillis sous
futaie 6 forêts : les Feuillies, Saint-Sernin, Labergement, le
Carterand, les Charmays et la Grosne.

§ 6. Peuplements.

Les peuplements se répartissent en :

Feuillus purs....................	910ʰ
Feuillus mélangés...............	11.820
Résineux purs...................	347
Résineux et feuillus.............	374
Vides consacrés à l'exploitation.....	151
Vides susceptibles de reboisement...	27

13.629ʰ

Le chêne occupe une surface de 5.850 hectares, le hêtre
3.280 hectares.

§ 7. Dégâts.

Les dégâts commis par le gibier et par les insectes sont nuls.

Le pâturage est très exceptionnellement autorisé dans les
forêts non grevées de droit d'usages : en 1887, on a accordé

le pâturage à 39 têtes de bétail, sur 34 hectares dans la forêt du Carterand.

§ 8. Droits d'usages.

Des droits d'usages grèvent plusieurs forêts domaniales : ils sont de diverse nature. Pâturage et panage : 7 forêts comprenant 4.457 hectares, 35 groupes usagers. Pâturage, panage, bois mort et mort-bois : 3 forêts de 1.324 hectares. Pâturage : 9 forêts, 4.171 hectares. — Les usagers se montrent très jaloux de la conservation de leurs droits et s'opposeraient énergiquement à toute tentative de rachat. En 1887, on a accordé au pâturage 4.144 hectares de cantons défensables, sur une étendue totale de 8.659 hectares, dans 15 forêts, pour 4.846 têtes de bétail : 2.643 animaux seulement ont été présentés à la marque.

§ 9. Délits.

Les délits sont rares et peu importants : 146 procès-verbaux, en 1886, contre 158 délinquants, ont donné lieu à 84 transactions s'élevant à 707 fr. 75 et 41 condamnations à 1.800 fr. 44 et un jour de prison.

§ 10. Incendies.

Les incendies sont peu fréquents : en 1886, 3 incendies sur 18 hectares 30 ares ont causé un dommage de 2.141 fr.

§ 11. Chablis.

En 1886, il y a eu 196 chablis cubant 79 m. c. grume, valant 1.168 fr., et un nombre assez considérable d'épicéas brisés par une neige exceptionnelle dans la forêt de Saint-Prix.

§ 12. Changements.

Il n'y a eu, en 1886, ni soumission au régime forestier, ni distraction.

§ 13. Production.

La production des forêts domaniales a été pour l'anné 1886 :

1° EN MATIÈRE

23.421 m. c. de bois, dont 7.355 m. c. bois d'œuvre (6.024 m. c. chêne, 1.006 m. c. hêtre, 325 m. c. divers), et 26.066 m. c. bois de feu (23.954 m. c. feuillus, 2.112 m. c. résineux) et 335.000 kil. d'écorce.

2° EN ARGENT

Produits principaux	353.557 fr.	
— accidentels prévus	10.111	
— divers vendus ou délivrés	14.210	
Total :	377.878 fr.	

A comparer ce chiffre avec la superficie totale des forêts, la production ressort à :

	En matière	En argent
par hectare et par an	2 m. c. 944	27 fr. 73

Mais il est à peine besoin de faire remarquer qu'on ne peut d'un seul exercice inférer la production vraie : celle-ci doit être demandée à la moyenne des exploitations de plusieurs années. Les tableaux suivants portent les chiffres moyens de la période commençant au début des aménagements actuels et finissant à l'année 1886.

TABLEAU DU PRODUIT DES COUPES

FORÊTS	PRODUIT ANNUEL		PRODUIT A L'HECTARE		PRIX du mètre cube
	EN MATIÈRE	EN ARGENT	MATIÈRE	ARGENT	
	m. c.		m. c.		
Les Battées.....	1.444	14.845f16	3.219	31f09	10f28
Les Feuillies....	1.078	11.378 33	2.571	27 14	10 55
Glenne.........	1.107	8.539 09	2.689	20 75	7 72
Pierre-Luzière..	2.014	22.472 28	3.411	38 06	11 16
Planoise.......	9.742	104.194 10	3.749	40 52	10 70
Saint-Prix......	3.132	18 072 03	3.090	17 83	5 77
Saint-Sernin....	814	7.345 39	1.760	15 37	9 02
Les Etangs.....	1.891	31.185 58	3.014	49 70	16 47
La Ferté	6.407	103.475 98	3.575	57 74	16 42
Labergement. ..	760	9.968 55	2.155	28 26	13 11
Marloux........	1.285	21.547 75	2.531	42 43	16 77
Palleau........	1.589	33.355 40	3.184	66 84	20 99
Pourlans......	2.696	44.049 10	4.046	66 11	16 34
Le Carterand ...	275	2.095 63	1.707	13 01	7 62
Les Charmays ..	420	3.205 66	1.707	13 01	7 62
Charolles.......	1.109	13.577 27	2.542	31 13	12 24
Chapaize......	1.318	11.054 68	2.859	23 97	8 39
Cluny.........	1.070	9.892 »	2.250	18 62	8 27
Le Grison	1.855	15.950 59	2.330	28 63	8 60
La Grosne.....	897	8.215 72	2.035	18 64	9 16
Les Trois-Monts.	1.107	11.450 71	2.269	23 48	10 34
TOTAL	42.010	505.871 »			

La production moyenne des coupes est donc annuellement :

	En matière	En argent
Pour l'ensemble des forêts domaniales..................	42.010 m. c.	505.871 fr.
A l'hectare..................	3.085	37 12

Le produit des coupes est un élément éminemment variable, et les combinaisons d'aménagement, faites pour obtenir le *Rapport soutenu*, en livrant chaque année à la consom-

mation la même quantité de produits de même espèce, se
traduisent en fait par un rendement en argent très inconstant,
soit pour chacune des forêts prises isolément, soit même pour
l'ensemble, comme l'indiquent les tableaux graphiques annexés
à ce travail.

Le *produit total* des forêts se compose, outre le produit des
coupes, d'une foule de produits secondaires et accessoires,
perçus en argent ou en nature, tels que : indemnités pour
délais d'exploitation et de vidange, pour concessions de chemin et de passage, délivrances de plants et de harts, extrac-

TABLEAU DU PRODUIT TOTAL DES FORÊTS

FORÊTS	PRODUIT TOTAL ANNUEL	
	PAR FORÊT	A L'HECTARE
Les Battées	17.139 62	38 21
Les Feuillies	13.200 98	31 49
Glenne	9.715 06	23 60
Pierre-Luzière	25.465 46	43 18
Planoise	112.294 50	43 67
Saint-Prix	22.289 31	21 99
Saint-Sernin	8.356 30	18 06
Les Etangs	33.187 09	52 89
La Ferté	113.331 56	63 26
Labergement	11.690 71	33 14
Marloux	24.350 14	47 96
Palleau	35.427 71	70 79
Pourlans	46.519 28	69 82
Le Carterand	2.579 57	16 02
Les Charmays	3.947 33	16 02
Charolles	15.598 43	35 76
Chapaize	13.763 90	29 84
Cluny	10.014 27	21 07
Le Grison	19.124 55	34 22
La Grosne	10.025 50	22 75
Les Trois-Monts	13.413 07	27 50
TOTAL	561.434 34	

tions diverses, chasse, condamnations et transactions, menus produits, chauffage des gardes, etc.

Pour avoir le *revenu net* des forêts, il y a lieu de déduire du revenu brut les dépenses de toutes sortes qu'elles entraînent : frais d'exploitation, travaux de périmètre et d'aménagement, construction et réparation de maisons et de routes forestières, assainissements, repeuplements, pépinières, frais de surveillance et d'administration, justice correctionnelle, impôts, frais d'adjudication, etc.

Ces dépenses se divisent en deux catégories : dépenses de premier établissement, dont l'amortissement exige un temps variable, qui sont parfois d'une nécessité inéluctable, et qui peuvent, en tout cas, être considérées comme ajoutées au capital de production; dépenses d'entretien, dont la moyenne peut être regardée comme suffisamment stable et régulière. Ces dernières entreront donc seules en regard du produit pour la détermination du revenu net.

Le revenu net en argent, produit positif, étant le plus intéressant à déterminer, le tableau suivant porte les recettes et les dépenses en argent, à l'exclusion des recettes et dépenses en nature, dont la valeur est de pure évaluation.

REVENU NET EN ARGENT DES FORÊTS DOMANIALES

FORÊTS	RECETTES ANNUELLES en argent	DÉPENSES ANNUELLES d'entretien en argent	REVENU NET ANNUEL EN ARGENT	
			par forêt	par hectare
Les Battées......	15.800 13	3.516 72	12.283 41	27 38
Les Feuillies	12.144 03	2.867 38	9.276 65	22 13
Glenne.........	8.836 87	2.962 41	5.874 46	14 27
Pierre-Luzière...	24.113 59	3.688 84	20.424 75	34 59
Planoise........	106.772 03	17.514 81	89.257 22	34 71
Saint-Prix.......	19.214 »	7.818 77	11.395 23	11 24
Saint-Sernin.....	7.704 32	2.354 76	5.349 56	11 56
Les Etangs......	31.743 54	7.782 18	23.961 36	38 17
La Ferté........	105.250 71	11.721 84	93.728 87	52 18
Labergement.....	10.352 35	2 969 03	7.383 32	20 92
Marloux........	22.629 10	2.360 25	20.268 85	39 92
Palleau....... ...	33.839 21	3 344 10	30.495 11	61 09
Pourlans........	44.822 29	5.809 69	39.012 60	58 55
Le Carterand.....	2.237 59	1.201 52	1.036 07	6 42
Les Charmays. ..	3.422 50	1.756 42	1.666 08	6 76
Charolles..... ..	14.411 70	2.427 59	11.984 41	27 47
Chapaize...	12.115 73	2.423 58	9.692 15	21 02
Cluny..........	9.251 22	2.928 87	6.322 35	12 88
Le Grison	16.418 45	4.541 78	11.876 67	21 32
La Grosne.......	8.680 17	1.230 88	7.449 29	16 91
Les Trois-Monts .	11.895 25	3.784 66	8.110 59	16 63
TOTAL	521.654 78	95.005 78	426.649 »	

Le revenu net en argent est donc, en moyenne, à l'hectare, de 31 fr. 30, avec un minimum de 6 fr. 42 et un maximum de 61 fr. 09.

§ 14. Influence du traitement sur la production.

Les chiffres afférents aux forêts en conversion accusent moins le résultat du traitement, au point de vue de la production, que le rendement résultant des combinaisons de l'aménagement : élevé quand l'existence de vieux bois a permis d'entreprendre immédiatement des coupes de régénération, faible quand les coupes se réduisent à de simples éclaircies dans des peuplements à conduire à maturité.

La fertilité du sol et la proportion des âges sont deux facteurs importants de la production; l'essence et la situation, deux éléments non moins importants de la valeur des bois.

Pour faire une comparaison exacte entre diverses forêts, il faudrait étudier des bois identiques à ces points de vue, condition difficile à réaliser.

Quoi qu'il en soit, et à s'en tenir aux données ressortant des tableaux précédents, on voit que les futaies pleines de Glenne et de Saint-Prix sont primées par la forêt de Planoise : 2 m c. 689 et 3 m. c. 090 contre 3 m. c. 749. A Planoise, on trouve deux séries de futaie pleine produisant 3 m. c. 874 et une série de conversion produisant 3 m. c. 400. Les autres forêts de conversion ont des productions d'autant plus élevées qu'elles se rapprochent davantage de l'état de futaie. La forêt de Pierre-Luzière, traitée en taillis sous futaie, n'accuse pas, toutefois, une infériorité réelle, puisqu'elle produit 3 m. c. 411, et elle soutient encore la comparaison au point de vue de la valeur des bois (11 fr. 16 le m. c.), car elle produit par sa réserve une quantité de bois d'œuvre que ne donnent pas les éclaircies des perchis en conversion.

La supériorité appartient aux riches forêts de la plaine (Palleau, Pourlans, La Ferté), tant à cause de la fertilité du sol et de l'âge des peuplements, que du prix élevé du bois d'œuvre de chêne et des avantages de la situation. Les futaies de hêtre du Morvan sont naturellement inférieures.

Le traitement de conversion, appliqué à la presque totalité des forêts domaniales, semble comporter généralement dès le début une période de sacrifices et de privations que les combinaisons d'aménagement ont pour but d'atténuer dans la mesure compatible avec le résultat à obtenir. Il n'en est pas ainsi, quand les forêts présentent des têtes de séries formées de bois immédiatement exploitables.

Pour apprécier le résultat de ce changement de régime, il est intéressant de comparer ce que rapportent aujourd'hui les forêts à ce qu'elles rapportaient autrefois. Les chiffres portés au tableau suivant sont, pour le revenu actuel, la moyenne du produit des coupes depuis l'origine de l'application de l'aménagement actuel jusques et y compris 1886.

COMPARAISON DU PRODUIT DES COUPES

FORÊTS EN CONVERSION	PRODUIT DES COUPES		DIFFÉRENCE	
	ANCIEN	ACTUEL	EN PLUS	EN MOINS
	f.	f.	f.	f.
Les Battées	13.510	14.845	1.335	»
Les Feuillies	16.110	11.378	»	4.732
Planoise	90.934	104.194	13.260	»
Saint-Sernin	12.830	7.345	»	5·485
Les Etangs	18.340	31.186	12.846	»
La Ferté	95.656	103.476	7.820	»
Labergement	21.995	9.269	»	12.026
Marloux	26.431	21.548	»	4.823
Palleau	19.494	33.355	13.861	»
Pourlans	28.383	44.049	15.666	»
Le Carterand	5.880	2.096	»	3.784
Les Charmays	9.298	3.206	»	6.092
Charolles	20.754	13.577	»	7.177
Chapaize	17.548	11.055	»	6.493
Cluny	13.759	9.892	»	3.867
Le Grison	14.494	15.951	1.437	»
La Grosne	14.710	8.216	»	6.494
Les Trois-Monts....	15.228	11.451	»	3.777
		Total ...	66.225	64.750

L'opération de conversion se traduit donc par une augmentation de 1.475 fr.

§ 15. Mode d'exploitation et de vente.

La vente *sur pied* et l'exploitation par l'adjudicataire sont la règle générale; la vente par *unités de produits* est usitée pour les éclaircies; l'exploitation *directe* par l'État et la vente de produits façonnés sont exceptionnelles.

En 1886, sur 348.619 fr. 90 de bois vendus :

328.740 fr. 50 proviennent de vente sur pied (198 h. 35 a. et 11.204 m. c.).

12.070 fr. 40 — — par unités (250 h. 88 a.).

7.809 fr. » — — après façonnage (22 h. 99 a. et 517 m. c.).

§ 16. Travaux.

Les travaux exécutés dans les forêts ont surtout pour objet la détermination et la fixation des limites, l'assiette de l'aménagement, la construction et l'entretien des maisons et des routes forestières, l'assainissement, le repeuplement des vides, enfin des améliorations de toute sorte.

Depuis l'application des aménagements actuellement en vigueur, jusques et y compris l'année 1886, ils se sont élevés en moyenne par année :

Travaux de 1er établissement............... 18.041 fr. 58
Travaux d'entretien....................... 10.840 29
Travaux d'adjudicataires et de concessionnaires............................... 16.064 90

TOTAL................. 44.946 fr. 77

Les dépenses se réduisent naturellement avec le temps, et elles n'ont été que de 32.508 fr. en 1886.

§ 17. Maisons forestières.

L'État possède 31 maisons forestières affectées au logement des préposés.

§ 18. Routes forestières.

Les routes forestières, créées et entretenues par le service des forêts, ont un développement de 208.596 m., dont 96.380 mètres empierrés. Ce réseau, déjà très satisfaisant, se complète et s'améliore au fur et à mesure des besoins.

CHAPITRE III

FORÊTS COMMUNALES, SECTIONALES ET D'ÉTABLISSEMENTS PUBLICS

§ 1. Propriétaires.

Un grand nombre de communes, de sections de commune et d'établissements publics possèdent, dans le département de Saône-et-Loire, des propriétés parfois considérables en prairies, pâturages, terres, vignes et bois; le cadre de ce travail comporte seulement l'étude de ces derniers.

Communes. — Le revenu tiré des forêts ne laisse pas d'être très apprécié par les communes qui, par la vente de leurs coupes ordinaires et extraordinaires, peuvent se créer des ressources par un autre moyen que l'impôt, et par les habitants. La jouissance d'un affouage retient ou attire souvent des familles dans une commune ou dans un hameau bien apanagé; l'émigration résultant dans les campagnes de la crise agricole est infiniment moins considérable dans les communes riches

4

en bois que dans les autres, et l'on peut en trouver quelques-
unes, parmi les mieux pourvues, dont la population a augmenté.
Les nouveaux arrivants n'y ont pas toujours apporté la richesse,
ni même l'aisance; mais l'appoint de leur consommation et de
leur travail est un élément de prospérité.

Pour être mieux partagées que les autres, les communes
propriétaires de forêts n'en sont pas moins généralement
besoigneuses ou obérées; trop souvent le produit des coupes
est escompté et dépensé d'avance; mais la forêt se renouvelle,
les produits se reconstituent, et de nouveaux revenus permettent d'entreprendre de nouvelles améliorations.

Sections. — On trouve dans un grand nombre de communes,
des sections ou hameaux distincts, provenant en partie d'anciennes communes supprimées ou d'anciennes paroisses, et
ayant leurs propriétés spéciales. Parfois, cependant, la propriété
appartient à l'ensemble de la commune, et la jouissance seule
a été répartie entre les sections.

Quelques forêts sont indivises entre plusieurs communes ou
entre plusieurs sections.

Établissements publics. — Les hospices d'Autun, de Bourbon-Lancy, de Charolles, de Dijon, de Toulon-sur-Arroux et
de Cluny, l'hôpital de Beaune, le bureau de bienfaisance et la
Charité de Chalon possèdent, dans le département de Saône-
et-Loire, des bois soumis au régime forestier. Divers établissements publics, ayant ou non leur siège dans le département, y
possèdent des bois non soumis au régime forestier, régis
directement par les commissions administratives, et le plus
souvent, annexés à des domaines ruraux. Quelques établissements du département possèdent des propriétés en dehors
de Saône-et-Loire : ainsi les hospices de Bourbon-Lancy
ont des bois considérables en Touraine.

Les 26.827 h. 84 a. de forêts communales et sectionales, soumises au régime forestier, se répartissent entre 339 propriétaires distincts, communes ou sections, relevant de 227 communes différentes, soit les 2/5 du nombre total des communes du département.

Les 1.151 h. 81 a. de bois d'établissements publics soumis au régime forestier appartiennent à 9 propriétaires distincts.

Forêts communales ou sectionales..... 339

Forêts d'établissements publics....... 9

Au point de vue de la nature du droit de propriété, on compte :

Forêts indivises entre communes....... 2

Forêts indivises entre sections......... 23

Au point de vue de l'étendue, on trouve :

Forêts de					C^{les} et Sect^{les}.	Etabl^s.publics.
Forêts de	1	à	10	hectares.	34	1
—	10	à	50	—	158	2
—	50	à	100	—	61	3
—	100	à	200	—	60	—
—	200	à	300	—	17	3
—	300	à	400	—	3	—
—	400	à	500	—	1	—
—	500	à	600	—	3	—
—	900	à	1.000	—	1	—
—	1.000	à	1.100	—	1	—

§ 2. Répartition.

L'ensemble des bois et terrains soumis au régime forestier, appartenant aux communes, sections et établissements publics, se répartit comme il suit :

Au point de vue orographique :

En montagne........	160 h.
En colline.........	14.670
En plaine.........	13.590

Au point de vue géologique :

Granit et porphyre..	1.850 h.
Gneiss............	2.500
Terrain de transition.	440
Terrain carbonifère..	640
Trias.............	2.320
Lias..............	330
Jurassique........	5.100
Argile à silex.......	650
Tertiaire..........	14.200
Moderne..........	390

Au point de vue minéralogique :

Sol calcaire........	15.970 h.
Sol non calcaire.....	22.450

§ 3 Origine.

L'origine est très variable : possession de temps immémorial, cantonnement en rachat de droits d'usages, donation, mais surtout transformation, à la fin, du siècle dernier, de simples droits d'usages en toute propriété.

§ 4. Limites.

Quelques forêts sont complètement délimitées et bornées, le plus grand nombre ne l'est que partiellement.

§ 5. Peuplements.

Les peuplements sont en général constitués par le mélange le plus variable en ses proportions, des essences feuillues ; le chêne occupe toutefois, à l'état pur, environ 2.000 hectares.

Les essences principales couvrent environ :

Chêne	19.100 h.	soit	69 0/0
Hêtre.....	600	—	2 0/0
Charme...	2.500	—	9 0/0
Divers....	5.780	—	20 0/0

§ 6. Traitement.

La totalité des forêts est soumise au régime du taillis, soit simple, soit composé; les révolutions sont très diverses.

Les 339 forêts communales et sectionales forment 342 séries d'exploitation.

Les 9 forêts d'établissements publics forment 10 séries d'exploitation.

Les séries sont exploitées aux révolutions :

	h. a.	C^{les} et S^{les}	Et^s publics
De 10 ans, pour...	29 15	3	»
— 12 — —	301 05	16	»
— 14 — —	43 35	4	»
— 15 — —	993 37	34	»
— 16 — —	480 78	10	»
— 17 — —	141 13	1	»
— 18 — —	1.473 83	26	1
— 20 — —	6.127 15	99	1
— 21 — —	35 72	1	»
— 24 — —	655 42	17	»
— 25 — —	17.522 99	127	7
— 26 — —	92 88	2	»
— 28 — —	60 31	»	1
Sans révolution déterminée	22 85	2	»

Les coupes ordinaires ne sont pas toutes annuelles; elles se font tous les

	C^{les} et S^{les}	Et^s publics.
2 ans dans.........	34 séries.	»
3 — —	6 —	»
4 — ... —	2 —	1
5 — —	7 —	1
6 — —	3 —	»
7 . — —	1 —	»
10 — —	1 —	»
12 — —	2 —	»
15 — —	3 —	»
20 — —	1 —	»
25 — —	4 —	»

L'aménagement est

	C^{les} et S^{les}.	Et^s publics.
Fait sur le terrain, dans..	134 forêts.	3
En cours d'exécution — ..	62 —	3
A faire — ..	143 —	3

L'opération si importante de l'assiette de l'aménagement sur
le terrain est donc bien peu avancée, puisqu'elle reste à entreprendre ou à terminer sur plus de 2/3 des forêts. Les communes cherchent toujours à se dérober à la dépense qu'elle
entraîne, et l'administration hésite souvent à prélever les
ressources nécessaires sur le prix de vente des coupes extraordinaires.

<h3 style="text-align:center">§ 7. Dégâts.</h3>

Les dégâts commis par les insectes et par le gibier ne sont
pas appréciables. Il n'en est pas de même de ceux causés par
le pâturage : bien que condamné par la science et par l'expérience, pour la nourriture insuffisante qu'il procure aux animaux, pour la perte d'engrais, pour les fatigues et les maladies
qu'il occasionne, le pâturage en forêt est si ardemment
réclamé par la plupart des communes qu'on ne saurait le sup-

primer, ni même le réduire, sans soulever les plus vives récriminations. Les habitants pauvres élèvent généralement plus
de bétail qu'ils ne peuvent en nourrir, ils comptent sur *les
communaux* (friches et bois) et sur la vaine pâture pour amener
à bien une production toujours chétive, mais qui se traduit
néanmoins par un bénéfice.

Les communes prélèvent le plus souvent une taxe de pâturage,
fixée par tête de bétail de chaque catégorie ; parfois le pâturage
est gratuit.

Les chèvres et les moutons sont bannis des forêts, ouvertes
seulement aux espèces bovine et chevaline.

En 1887, le pâturage a été demandé dans 216 forêts d'une
étendue de 22.455 hectares ; le parcours a été autorisé sur
11.070 hectares de cantons réputés défensables, du 1er avril au
31 octobre, pour 15.370 têtes de gros bétail.

Le panage est demandé dans les années de glandée : en
1887, on a accordé l'introduction de 264 porcs sur 153 hectares
dans 2 forêts comprenant 287 hectares.

§ 8. Droits d'usages.

Les forêts sont généralement exemptes de droits d'usages.
Quelques-unes, toutefois, sont grevées de droit de pâturage au
profit de communes voisines, comme Lacrost et Préty où La
Truchère envoie une proportion déterminée d'animaux sur le
nombre total admis au parcours.

§ 9. Délits.

En 1886, il y a eu :

241 procès-verbaux dressés contre 249 délinquants.

Ils ont donné lieu à :

202 transactions consenties pour 1.938 fr. 69 (soit 25 0/0
environ des condamnations encourues), et à 31 jugements
prononçant 1.885 fr. 31 et 6 jours de prison de condamnation.

§ 10. Incendies.

8 incendies ont porté, en 1886, sur 29 h. 83 a., causant 2.185 fr. de dommages.

§ 11. Chablis.

110 arbres, cubant 41 m. c., valant 361 fr., ont été reconnus en 1886.

§ 12. Modifications.

En 1886, une distraction de 2 h. du régime forestier, friche non boisée à Bissy-la-Mâconnaise (S. de Charcuble). Pas de soumission.

§ 13. Production.

Les forêts communales, sectionales et d'établissements publics, soumises au régime forestier, ont donné en 1886 :

Produits principaux vendus...............	327.077 fr.
— — délivrés.............	582.897
— divers, accessoires ou accidentels, vendus ou délivrés..............	10.575
Total..............	920.549 fr.

soit 32 fr. 32 à l'hectare, en le rapportant à la contenance totale.

Mais ce chiffre n'indique nullement la production réelle ; ce n'est que le résultat fortuit de l'année considérée. Il repose, en effet, sur une base éminemment variable, l'étendue des coupes. D'une part, la surface des coupes ordinaires n'est pas fixe, puisqu'elles ne sont pas toutes annuelles ; d'autre part, certaines coupes de l'exercice courant sont restées inexploitées, ou des coupes d'exercices précédents se sont vendues cette année ; enfin la délivrance des coupes extraordinaires n'a par essence même aucune fixité.

Pour déterminer exactement la production des bois, il faut comparer la valeur à la surface exploitée.

En 1886, il a été exploité 1.195 h. 91 a. de taillis de tous âges, qui ont donné :

En matière....... 80 m. c. $\}$ à l'hectare.
En argent........ 782 fr. $\}$

C'est la moyenne des différentes coupes, faites aux âges les plus divers et valant de 170 et 200 fr. à 1.520, 1.660 et même 2.300 fr. l'hectare.

Ce dernier chiffre, absolument remarquable, s'applique à une coupe extraordinaire de la forêt communale de Laives, comprenant 4 h. 93 a. de taillis sous futaie âgé de 28 ans, et 200 arbres de futaie; le rendement a été, à l'hectare, de :

Taillis $\{$ 60 st., feu. $\quad$ Futaie $\{$ 48 m. c. service ou industrie.
$\quad\quad$ 2.500 fagots. $\quad\quad\quad\quad$ 41 st., feu.
$\quad\quad\quad\quad\quad\quad\quad\quad\quad\quad\quad\quad$ 285 fagots.

représentant un total de 192 m. c., soit une production annuelle de 6 m. c., 900 et un revenu brut annuel de 82 fr. par hectare. La réserve, composée de 24 baliveaux, 18 modernes et 23 anciens, à l'hectare, assure pour la prochaine exploitation, un cube de bois d'œuvre aussi élevé que celui de 1886.

La coupe ordinaire de cette même forêt communale de Laives présente un volume total de 135 m. c. à l'hectare, et une production annuelle de 5 m. c., 400.

Les forêts de la plaine de la Saône et de la Bresse ont généralement une production considérable en futaie, car les arbres, et principalement le chêne, croissent rapidement dans ces terrains frais et profonds; elles donnent couramment, à l'hectare, au moment de l'exploitation, 20, 25, 30 mètres cubes et au-dessus.

Le produit normal moyen des coupes des forêts communales, sectionales et d'établissements publics, peut être évalué annuellement à 95,000 mètres cubes et 940,000 fr.

Les produits secondaires et accessoires ont été en 1886 :

Bois provenant de recépages et d'élagages...	830 fr.	
Chablis................................	1.500	»
Délivrance de plants, harts, fascines........	1.762	28
Indemnités pour prorogation de délais d'exploitation et de vidange..............	116	»
Indemnités pour bris de réserves..........	71	»
Pâturage............................	482	50
Extractions de minerais, terres, pierres.....	5.528	41
Indemnités pour droits de passage, prises d'eau et autres servitudes foncières......	93	50
Recettes imprévues.....................	187	80
TOTAL..............	10.575 f. 49	

soit 0 fr. 38 par hectare de forêt.

Les produits de la location du droit de chasse, des taxes d'affouage et de pâturage ne sont pas compris dans ce relevé, car ils sont établis en dehors de l'administration forestière.

Les taxes d'affouage comprennent fréquemment des dépenses étrangères à la forêt, mais dont les conseils municipaux croient devoir grever la portion affouagère de chaque habitant; c'est un impôt dont le contrôle échappe à l'administration, qui frappe uniformément tous les affouagistes et pèse lourdement sur les habitants pauvres, en grevant l'affouage d'une redevance souvent élevée, parfois même supérieure à la valeur des bois.

Outre les impôts (foncier, centimes additionnels, mainmorte) variables suivant la classe des terrains et suivant les communes, les forêts ont à supporter les frais de surveillance dont il a été parlé plus haut, et les frais de régie qui s'élèvent à 5 0/0 des produits principaux vendus ou délivrés, sans pouvoir dépasser 1 fr. par hectare.

§ 14. Influence de la Révolution sur la production.

La production des taillis varie avec la révolution à laquelle on les exploite. Le relevé des coupes de 1886 donne les résultats suivants :

TABLEAU DU PRODUIT SUIVANT LA RÉVOLUTION

RÉVOLUTION	PRODUIT A L'HECTARE		PRIX MOYEN du mètre cube	REVENU ANNUEL	
	EN MATIÈRE	EN ARGENT		EN MATIÈRE	EN ARGENT
				m. c.	
10	21 m. c.	178 fr.	8f 44	2.10	17f 80
15	40	290	7 02	2.67	19.33
20	61.5	537	8 73	3.07	26.85
23	71	702	9 89	3.10	30.52
25	90	946	10 44	3.60	37.84
28	117	1.422	12 15	4.20	50.71

La production en matière et en argent progresse donc d'une manière constante jusqu'à 28 ans, et l'élément le plus important de cet accroissement est la futaie constituée par une réserve dont la valeur dépend en grande partie de la révolution : l'arbre, en effet, doit avoir acquis une constitution robuste dans son système aérien et souterrain pour résister à l'isolement, et avoir atteint une hauteur convenable, car il ne croîtra dès lors presque exclusivement qu'en grosseur, et ces conditions ne se réalisent qu'avec une longue révolution.

Cette réserve sur taillis ajoute à la valeur du fonds nu une valeur de superficie, et l'accumulation de ces deux capitaux donne forcément un revenu plus élevé.

Dans la Bresse et dans la plaine de la Saône, les chênes s'accroissent de 0^m 005 à 0^m 006 par an, et gagnent 1 fr. pour ceux de 0^m 40 de diamètre, 2 fr. pour ceux de 0^m 50, 3 fr. pour ceux de 0^m 60. Le prix du mètre cube s'élève avec la grosseur de l'arbre, en augmentant de 8 fr. par décimètre de diamètre.

En coteau et en montagne, l'accroissement est généralement moins rapide et le bénéfice moins grand; mais on a
néanmoins presque toujours intérêt à produire de gros chênes,
et à les maintenir sur pied, tant que leur végétation est bonne.

La proportion des modernes conservés dans les coupes est
en moyenne de 57 0/0 du nombre total des arbres de cette
catégorie; celle des anciens de 62 0/0. Les arbres réservés
pour l'ensemble des coupes de 1886 donnent le tableau suivant:

TABLEAU DES RÉSERVES A L'HECTARE

RÉVOLUTION	RÉSERVES			
	BALIVEAUX	MODERNES	ANCIENS	TOTAL
10 ans	35	»	»	35
15	60	18	»	78
20	60	24	3	87
23	60	35	6	101
25	55	24	9	88
28	50	27	15	92

§ 15. Mode d'exploitation et de vente.

Suivant la demande des municipalités, les coupes communales ordinaires sont délivrées en nature ou vendues; les
affouages forment la majorité, et ils sont exploités par des
entrepreneurs responsables chargés du lotissement.

Les coupes extraordinaires ne sont qu'exceptionnellement
délivrées en nature.

Toutes les coupes des établissements publics sont vendues.

Des fournitures de bois sont fréquemment mises en charge
sur les coupes, pour le chauffage des mairies, des écoles, etc.
et pour l'entretien des propriétés bâties ou non.

En 1886, les produits principaux

> Délivrés s'élèvent à...   582.897 fr.
> Vendus   —   ...   327.077
> Sur un total de.......   909.974 fr.

Les ventes se font sur pied, en adjudication publique, par les soins de l'administration forestière.

§ 16. Travaux.

On a exécuté, en 1886, pour 26,518 fr. de travaux d'amélioration : plantations dans les vides, ouverture et réparation de fossés de périmètre ou d'assainissement, construction et réparation de chemins, établissement de lignes séparatives de coupes, plantation de bornes d'aménagement, etc.

L'exécution de ces travaux est généralement assurée au moyen de mises en charge sur les coupes.

§ 17. Maisons forestières.

La ville de Givry possède deux maisons forestières affectées au logement des préposés ; Fontaine-et-Farge, une ; Cluny, une ; Paray-le-Monial, une ; les hospices de Bourbon-Lancy, deux, et l'hospice de Dijon, une.

§ 18. Routes forestières.

Il y a 270 kil. de routes forestières, dont 41 kil. empierrés. L'entretien est obtenu par des mises en charge de journées d'ouvriers et de fourniture de matériaux sur les coupes.

§ 19. Reboisement.

Les communes et sections possèdent 613 h. 08 a. de terrains soumis au régime forestier à titre de reboisement facultatif, et laissés en dehors des séries d'exploitations régulières ; c'est un legs très amoindri du passé : car, au début des travaux de reboisement entrepris dans Saône-et-Loire, en 1861, les communes s'empressèrent, surtout dans le Mâconnais, de solliciter les subventions de l'État pour une immense étendue de friches. Différentes essences furent employées, suivant la nature très variable des sols, avec des résultats divers : succès complet sur les terrains frais et légers, partiel seulement sur les calcaires arides ; la sècheresse exceptionnelle de 1870, le pâturage qui en fut la suite, enfin les abus commis en 1870-71 ruinèrent une grande partie des jeunes plantations péniblement créées.

La suppression de toute subvention en argent, depuis 1871, paralysa l'initiative des communes généralement besoigneuses, et la destruction des vignes par le phylloxera vint, par la diminution de la richesse publique, arrêter les derniers travaux. La commune de Vergisson est la seule aujourd'hui qui vote chaque année des fonds pour continuer le reboisement d'une montagne.

Sur les 613 h. 08 a. de terrain soumis, 439 h. 94 a. sont encore à l'état de friches librement accordées au pâturage. Les 173 h. 14 a. boisés présentent des états très divers : bouquets isolés de résineux sur le flanc nu des montagnes, taillis plus ou moins clairs de feuillus sur les pentes ou dans la plaine, enfin massifs compactes d'essences mélangées. Les communes d'Azé (section de Vaux-et-Aisne) et d'Igé (section de Dommanges) possèdent respectivement 39 h. 90 a. et 40 h. formant, sur la ligne de séparation des bassins de la Saône et de la Grosne, une masse unique de feuillus et de résineux en mélange, d'une consistance complète et d'une végétation vigoureuse ; les coupes les plus diverses y sont faites suivant les exigences de la culture (recépage de feuillus, éclaircies de résineux, coupes de nettoiement, de dégagement et de transformation pour obtenir une forêt feuillue). La commune d'Igé (section dudit) présente 23 h. de perchis de pin sylvestre, où l'on a déjà pratiqué des éclaircies.

Quelques communes ont pu ainsi arriver à créer des forêts dont l'exploitation est maintenant régulière, comme Sercy, pour 17 h. 39 a., ou à augmenter l'étendue des anciennes séries d'exploitation, comme Azé (section dudit), pour 42 h. 01 a.

§ 20. Défrichement.

Quelques défrichements se sont opérés, il y a plusieurs années, dans les forêts communales, et cette opération n'a pas toujours été heureuse.

Cormatin a défriché 45 hectares de bois, qui sont aujourd'hui dans un état de culture satisfaisant, et rapportent 1.400 fr. par an.

Paray-le-Monial a transformé 58 hectares de bois en terres et en prés qui se louent 50 fr. l'hectare.

Sennecé-lès-Mâcon a défriché 24 hectares de bois situés sur l'argile à silex, et a dû les laisser à l'état de lande couverte de bruyère, après des essais infructueux de culture.

Il en a été de même pour 54 hectares de bois situés sur le limon ferrugineux, que Chapaize espérait convertir en bons pâturages et qui présentent le plus misérable aspect.

A Chardonnay, 7 hectares convertis en vignes ont donné des récoltes passables pendant quelques années, mais sont aujourd'hui à l'état de friche improductive.

Il en est de même à Bissy-la-Mâconnaise.

§ 21. Relations de l'Administration forestière avec les communes.

Aucune difficulté sérieuse ne s'élève entre les communes et l'administration forestière; quelques divergences d'appréciation, résultant de la différence des points de vue, se manifestent seulement sur certaines questions.

Les communes, pressées pour le remboursement de dettes dont elles servent des intérêts onéreux, ou pour l'exécution de travaux urgents, demandent toujours impatiemment des coupes extraordinaires, que l'administration cherche à conduire à des âges plus reculés, afin d'en tirer un produit supérieur. Les coupes de réserve ne s'exploitent guère, en fait, au delà du terme fixé pour la révolution des coupes ordinaires; cependant elles sont toujours assises sur les meilleures parties de la forêt et comporteraient, par conséquent, des âges d'exploitation plus élevés.

La dépense nécessaire pour établir l'aménagement sur le terrain fait souvent différer aux communes l'exécution de cette opération si utile, pour ne pas dire indispensable; quelquefois l'administration impose d'office, et malgré l'opposition des communes, des prélèvements sur le prix de vente des coupes extraordinaires pour réunir des ressources suffisantes, bien que le plus souvent elle renonce à toute contrainte.

Enfin les communes cherchent moins, surtout lorsque la coupe est délivrée comme affouage, la valeur et la qualité des produits, qu'une jouissance aussi étendue et aussi fréquente que possible, et elles croient la trouver dans une courte révolution; il en résulte des difficultés sur la fixation du terme à adopter, et des demandes d'abaissement des révolutions en vigueur.

Les légers conflits qui s'élèvent entre les communes et l'administration forestière sont d'ailleurs plus apparents que réels. Obligées de compter avec les exigences des habitants qu'elles représentent, les municipalités enregistrent et transmettent toutes les demandes et réclamations dont elles sont saisies; elles évitent ainsi des récriminations qui se produiraient avec vivacité dans la commune, mais qui ne peuvent atteindre l'administration forestière, dont les décisions, souvent conformes aux vœux de la majorité des conseils municipaux, sont toujours inspirées par l'intérêt des communes ou dictées par la législation et les règlements.

Il est enfin une question qui s'élève dans plusieurs localités, et qui mérite une mention à cause de son importance.

Les communes se plaignent de la situation difficile que leur crée la constitution des quarts en réserve; ceux-ci ont, pour la plupart, une assiette fixe sur le terrain, mais ils présentent des différences d'âge et d'étendue considérables dans les divers coupons dont ils sont formés. Il en résulte des inconvénients sérieux : après avoir réalisé, en une seule ou en un petit nombre d'années, des coupes très importantes, on est obligé d'attendre souvent très longtemps les coupes suivantes; l'argent des premières a été absorbé immédiatement, et il faut ensuite, ou renoncer à des travaux urgents, ou recourir à de très onéreux emprunts à long terme.

Les communes ayant, en réalité, des besoins extraordinaires sans cesse renaissants, les coupes de réserve de taillis s'accordant, en fait, au terme d'exploitabilité, la division du quart en réserve en un certain nombre de coupons, sensiblement égaux, s'échelonnant à intervalles rapprochés, présenterait un avantage indiscutable, en assurant une meilleure répartition des ressources. Cette combinaison n'a rien d'incompatible avec la loi, car les dates d'exploitation ne sont pas fixées d'avance; mais elle ne peut avoir d'effets pratiques et durables que si la division est assise sur le terrain.

3e PARTIE

Les bois non soumis au régime forestier sont réputés avoir une contenance totale de 113.400 hectares.

§ 1. Propriétaires.

Communes. — Sections. — Quelques communes et sections de commune en possèdent; mais ce sont généralement des parcelles insignifiantes qui n'ont pas été reconnues susceptibles d'aménagement ou d'une exploitation régulière.

14 communes possèdent ainsi 62 hectares.

20 sections   —   — 87   —

Ces bois, librement administrés par les municipalités, sans intervention aucune de l'administration forestière, sont généralement exploités sans règle fixe, et difficilement défendus contre un pâturage incessant et des délits de tous genres.

Établissements publics. — Les établissements publics possèdent, dans les mêmes conditions, 87 hectares répartis entre 11 parcelles; ces bois dépendent généralement d'une ferme, et l'exploitation en est réglée par les baux.

Associations religieuses. — Les forêts qui appartenaient autrefois aux associations religieuses, particulièrement nombreuses dans la région qui a vu naître et se développer, autour de la célèbre abbaye de Cluny, une quantité considérable de monastères et de prieurés, ont toutes été, à la fin du siècle dernier, rattachées au domaine de l'État. Toutes les manses curiales, épiscopales et collégiales ont ainsi diparu. On peut citer cependant, comme propriété forestière, le bois dit *du Luminaire*, de 1 h. 37 a., appartenant à la fabrique de Gigny.

Société de Viré. — Un des rares exemples d'associations civiles, propriétaires de forêts, qui du temps passé se soit transmis jusqu'à nos jours, est la *Société de Viré*, établie en 1699 par un groupe de particuliers, qui possède actuellement 99 hectares de bois sur Viré, Péronne et Lugny. Pour faire partie de la Société, il faut descendre des auteurs de l'association : la descendance féminine a les mêmes droits que la descendance masculine, et les confère par alliance ; il faut, en outre, avoir son domicile dans la commune de Viré : le droit s'acquiert, se perd ou se rétablit par une translation de domicile. Les produits se répartissent proportionnellement au chiffre d'impôt payé par les sociétaires sur la commune de Viré. La coupe annuelle est d'environ 5 h. 50 a. et a une valeur moyenne de 4.000 fr.; le nombre des sociétaires, qui varie d'une année à l'autre, est actuellement de 180. Les bois de la coupe se divisent sur pied en *quartiers* de 0 h. 08 a. (deux *coupées* locales) : le sociétaire payant 100 fr. d'impôt a droit à 1 quartier ; celui qui paye 70 fr. à 1/2 quartier ; 40 fr. à 1/3 ; 20 fr. à 1/4 ; 5 fr. à 1/5 ; 1 fr. à 1/6. Cet affouage, pour minime qu'il soit, retient ou ramène au berceau de leur race les descendants des premiers sociétaires.

Société du Creusot. — La Société du Creusot (Schneider et Compagnie) possède, sur le territoire du Creusot, environ 128 hectares de bois, provenant en partie d'acquisitions, en partie de reboisements, et conservés soit pour les commodités de l'exploitation, soit pour l'hygiène publique et pour l'embellissement de la campagne.

Particuliers. — La très grande masse des bois non soumis appartient aux particuliers, dont il est impossible de chiffrer exactement le nombre. Bien qu'il soit généralement admis que la propriété forestière convienne à la grande propriété seulement, et qu'en fait, pour tirer des forêts un revenu annuel un peu important, il faille, en effet, un fonds d'une valeur considérable, les bois se répartissent en un très grand nombre de mains.

Beaucoup de petits propriétaires possèdent des bois de moyenne ou de faible étendue, et les exploitent au fur et mesure de leurs besoins ou de la croissance des peuplements. Même dans les régions agricoles ou viticoles, cette nature de propriété est très recherchée, malgré l'infériorité relative de son rendement, tant à cause de la rareté des bois, qu'en raison de la tendance du propriétaire rural à assurer en nature la satisfaction de tous ses besoins, pour supprimer presque toute dépense en argent.

Les propriétaires plus aisés possèdent des bois d'étendue médiocre, où ils établissent des coupes rarement annuelles, parce qu'elles seraient trop minimes, mais se succédant à intervalles plus ou moins rapprochés, déterminés moins souvent par le terme d'une exploitation précise, que par les nécessités courantes ou imprévues, ou simplement par les offres des acheteurs.

Enfin la grande propriété comporte des bois importants, bien aménagés et régulièrement exploités ; mais il faut les chercher dans la Bresse, le Charollais et l'Autunois, où le morcellement ne s'est pas encore étendu. Ainsi, on trouve à Chagny des forêts de 300 et 330 hectares ; à Pourlans, 382 h. ; à Lessard-le-Royal, 426 h. ; à Toutenant, 428 h. ; à Pierre, Authumes, Sermesse, Charnay, 500 h. ; à Gergy, 592 et 639 h. ; l'Autunois présente deux bois particuliers de 600 hectares et un de 900 h. dépendant de la terre de Montjeu. Les forêts les plus considérables sont, en Bresse, les bois de La

Marche, 1.611 h., et en Charollais, où M. de Tournon possède
1.450 h., et M. de La Guiche, 1.851 h.

Cette masse immense, de 113.400 hectares, présente les
conditions les plus diverses, dont l'analyse ne repose que sur
des appréciations qui, pour être probantes, ne sauraient présenter une certitude absolue.

§ 2. Répartition.

Au point de vue orologique :

Forêts de plaine....... 37.400 h.
— de coteau....... 66.800
— de montagne.... 9.200

Au point de vue géologique :

Terrain
Granit ou porphyre........... 22.300 h.
Gneiss...................... 19.500
Transition.................. 600
Houiller.................. .. 1.400
Grès....................... 16.200
Trias...................... 5.800
Lias............... ..... 1.900
Jurassique................. 2.100
Argile à silex.............. 2.500
Tertiaire.................. 41.000

La plus grande partie des forêts se trouve donc en terrain
tertiaire, sur les granit et porphyre, les gneiss et les grès.

Le terrain tertiaire, qui présente un développement considérable, est relativement peu boisé, et la végétation forestière
en occupe surtout les formations les plus médiocres (sables de
Chagny et limon ferrugineux). Le granit et le porphyre sont
également peu boisés, sauf dans le Morvan. Les assises les
plus infertiles du terrain jurassique (calcaire à entroques,
corallien et kimméridgien) portent la majeure partie des bois

situés sur cette formation. L'argile à silex, malgré son faible développement, est relativement très boisée, car elle est rebelle à la culture agricole.

Au point de vue minéralogique :

$$\text{Sol}\begin{cases} \text{calcaire} \dots\dots\dots\dots & 5.700 \text{ h,} \\ \text{non calcaire} \dots\dots\dots & 107.700 \end{cases} 113.400 \text{ h.}$$

§ 3. Peuplements.

$$\begin{array}{l} \text{Feuillus.}\begin{cases} \text{Chêne pur} \dots\dots & 8.000 \text{ h.} \\ \text{Hêtre pur} \dots\dots & 2.000 \\ \text{Mélangés} \dots\dots & 100.900 \end{cases} \\ \text{Résineux purs} \dots\dots\dots & 2.000 \\ \text{Feuillus et résineux mélangés.} & 500 \end{array} \Big\} 113.400 \text{ h.}$$

Essences. — Les essences principales occupent :

Chêne	38.000 h.
Hêtre	12.000
Divers feuillus	61.000
Pin sylvestre	1.600
Mélèze	500
Pin noir	150
Sapin	50

§ 4. Traitement.

La très grande majorité des bois est traitée en taillis, avec maintien de réserves pendant plusieurs révolutions (taillis sous futaie), ou pendant une révolution au plus (taillis simple).

Quelques bouquets de bois feuillus sont maintenus sur pied, sans date d'exploitation déterminée, et constituent de petits massifs de futaie : ce sont des parcelles destinées à fournir une réserve de bois de construction, mais souvent des massifs de simple agrément, pour l'ombrage ou la décoration des propriétés, reste des anciens *marmenteaux*.

Les résineux, non susceptibles de rejeter de souche, sont forcément traités en futaie.

Le Morvan présente une vaste étendue de bois feuillus traités en *furetage*.

Enfin quelques parcelles sont traitées en *têtards* ; les arbres sont émondés par intervalles, pour fournir du fagotage ou du feuillage pour le bétail.

Le traitement se répartirait donc comme il suit :

Feuillus	Taillis	simple	9.000 h.
		composé	97.000
	Futaie		200
	Furetage		4.500
	Têtards		200
Résineux.	Futaie		2.500

La plus grande diversité se rencontre dans les révolutions adoptées pour chacun de ces modes de traitement.

Les exploitations rapprochées de taillis étaient admises par les anciens *usages locaux*. Ainsi, d'après l'*Usage du Mâconnais*, on coupait : à Cluny, les bois de poterie à 5 et 6 ans, les bois de boulangerie à 14, 15 et même 20 ans ; à Lugny, à 10, 12 et 15 ans ; à Matour, les *rapailles* à 7 ans, le chêne à écorcer, à 12 ans ; Tournus coupait les bois de montagne à 10 et à 15 ans ; ceux de Bresse, le chêne à 8 et 10 ans, les bois blancs à 7 et 8 ans, le verne ou aulne à 6 et 7 ans. Ces traditions se sont maintenues jusqu'à nos jours, et bien des bois s'exploitent encore à 6, 7, 8, 10, 12 et 15 ans.

Le choix des courtes révolutions était justifié autrefois par les conditions économiques de l'époque ; dans ce temps, où les voies de transport faisaient presque totalement défaut, où le bois de chauffage ne pouvait arriver sans trop de frais que dans les villes exceptionnellement situées à proximité des forêts, il était nécessaire d'assurer un écoulement facile et économique aux produits : on y arrivait par la transformation du bois en charbon, dont il se faisait alors une consommation considérable et qui allégeait le transport de 70 0/0. Les révolutions de 15 à 18 ans étaient bien appropriées à cette production de *charbonnette*.

La situation n'est plus du tout la même aujourd'hui : le pays est sillonné d'excellentes voies de communication ; les usines qui marchaient au bois ou au charbon de bois sont toutes fermées ; le charbon de bois, supplanté même dans les usages domestiques par d'autres produits, n'a plus qu'une consommation très restreinte. Les taillis, aménagés autrefois en vue de la production de la charbonnette, doivent l'être aujourd'hui en vue de la production du bois de chauffage ou du bois d'industrie, par les propriétaires soucieux de suivre l'évolution économique de leur siècle et de faire rendre à leurs forêts le revenu le plus élevé.

En Bresse, à côté de taillis exploités à 10 ans et qui rendent 250 à 300 fr. l'hectare, les taillis de Toutenant se vendent 1.400 fr. l'hectare à 18 ans. Dans le Charollais, les taillis, qui se vendent 5 ou 600 fr. à 15 ans, vaudraient 7 à 800 fr. à 20 ans, et 1.000 à 1.200 fr. à 25 ans.

Les bois exploités en taillis peuvent, au point de vue de la révolution, se répartir ainsi :

Révolution inférieure à 10 ans....... 1.100 h.
— de 10 à 14 — 16.000
— de 15 à 19 — 52.000
— de 20 à 24 — 31.500
— de 25 à 28 — 5.400

en observant toutefois que les âges inférieurs de chaque catégorie sont les plus largement représentés.

Les boqueteaux de futaie feuillue n'ont aucune révolution fixe : leur exploitation est entreprise en cas de besoins imprévus, pour cause de maturité ou de dépérissement, le plus souvent en cas de mutation de la propriété,

Dans le *furetage*, mode d'exploitation usité en Morvan, on enlève sur chaque souche les brins d'une grosseur déterminée, en laissant les autres jusqu'au retour des exploitations suivantes : celles-ci se répètent parfois tous les 8 ou 10 ans seulement, ordinairement tous les 6 ans, et même tous les ans dans les forêts surmenées.

Les résineux sont exploités généralement à 28 ou 30 ans dans l'Autunois, à 40, 50 ou 60 ans dans le Charollais. Ils se régénèrent naturellement de semence, ou bien font place, soit totalement, soit partiellement, aux essences feuillues qui s'y jettent spontanément ou y sont introduites.

§ 5. Dégâts.

Les insectes ne font généralement aucun dégât appréciable, non plus que le gibier toujours rare : les chenilles attaquent cependant quelquefois les massifs, les hannetons les bordures, et quelques garennes peuvent souffrir de la dent du lapin.

Le pâturage, sévèrement interdit dans quelques bois, s'exerce ailleurs de la façon la plus étendue, même derrière les charbonniers et parfois les bûcherons ; il cause un mal énorme. C'est au pâturage qu'il faut attribuer l'état actuel de dégradation de bien des forêts et le maintien des vides qui se repeupleraient rapidement par la libre action des forces naturelles.

§ 6. Droits d'usages.

Les bois particuliers sont très généralement libres de tous droits d'usages. Les anciennes forêts domaniales aliénées en sont encore parfois grevées, mais la plupart en ont été affranchies, soit par des rachats réguliers, soit par des refus auxquels les usagers n'ont pas eu la force de s'opposer.

L'enlèvement du bois mort, même avec des ferrements et des serpes, est très généralement toléré, ainsi que l'extraction des herbes, fougères, genêts, etc.

§ 7. Délits.

Les délits sont excessivement nombreux, sauf dans les forêts soigneusement gardées. Ils consistent principalement en coupe de bois vert, de perches et même d'arbres, en pâturage de chèvres et de moutons, en braconnage, etc.

Très généralement tolérés dans une large mesure, ils sont exceptionnellement constatés par des procès-verbaux, dont la plupart se transigent moyennant une faible rétribution ; le nombre des poursuites pour délits forestiers est, pour ainsi dire, nul.

Les contestations avec les exploitants sont presque toujours résolues à l'amiable.

§ 8. Incendies.

Des incendies se déclarent chaque année au printemps, au moment des hâles de mars ou d'avril, avant la pousse de l'herbe ; rarement attribuables à la malveillance, ils sont dus à l'imprudence des fumeurs et des pâtres.

A moins de circonstances exceptionnellement favorables à la propagation du feu, les incendies ne présentent pas beaucoup de gravité : le taillis repousse presque toujours de souche, et les seules essences à écorce mince, parmi les réserves, c'est-à-dire le hêtre, le charme, le tilleul et l'érable plane, peuvent être atteintes et périr, tandis que le chêne et le bouleau résistent le plus souvent.

Les peuplements résineux courent naturellement beaucoup plus de danger ; ils peuvent être anéantis, comme les jeunes plantations de M. Sargnon, à Pruzilly, en 1886.

L'assurance des bois contre l'incendie n'est que d'un usage très restreint.

§ 9. Chablis.

Les vents sont rarement violents et occasionnent peu de chablis ; le givre et la neige en causent davantage. L'ouragan de 1879 a cependant ouvert de grandes trouées dans les forêts, et le verglas de la même année a brisé les branches d'un nombre immense d'arbres qui porteront longtemps les traces de leurs blessures.

§ 10. Production.

Le produit des bois est infiniment variable suivant les très nombreux éléments qui influent, soit sur la production même des forêts, soit sur la valeur des produits. Les systèmes les plus opposés étant appliqués sur des forêts qui seraient comparables entre elles, on ne peut établir des chiffres d'une portée un peu générale, et l'on doit se borner à citer quelques exemples des différents types de régime et d'exploitation.

La futaie résineuse, exploitée à 28 ou 30 ans dans l'Autunois, pour donner des étais de mines et des bois de feu, rend 200 à 300 stères à l'hectare, et vaut 800 à 1.200 fr. En Charollais, coupée à 40, 50 et 60 ans, elle donne 400 à 500 stères de bois de feu, de service ou d'industrie, et vaut 1.500 à 2.500 fr. l'hectare.

On a vendu en 1887, par adjudication publique, à Charolles, 904 pieds d'arbres résineux à prendre, comme éclaircie, dans un massif situé sur le territoire d'Ozolles, appartenant à M. des Tournelles, savoir : 778 mélèzes, dont 333 ayant de $0^m 50$ à $1^m 40$ de circonférence, et 445 ayant moins de $0^m 50$, 126 pins sylvestres, dont 43 ayant de $0^m 80$ à $1^m 20$, et 83 moins de $0^m 50$. Cette coupe a été adjugée au prix de 3.520 fr., soit 3 fr. 90 le pied d'arbre.

Une parcelle de jeune futaie feuillue de 0 h. 68 a., située sur le territoire de Laizé, a été vendue, par adjudication publique, 4.400 fr. l'hectare ; elle a donné, à l'hectare, 16 m. c. de bois de service et d'industrie, 178 stères de bois de chauffage, 3.700 fagots et 6.600 kil. d'écorce.

Les produits du furetage sont variables, suivant l'état de conservation ou de dégradation des bois : ils sont en moyenne de 2 à 3 stères de bois de chauffage par hectare et par an, mais ils se réduisent parfois à 1 stère dans les bois surmenés. Le prix du bois de chauffage étant de 5 à 6 fr. sur pied, les forêts furetées rapportent donc de 5 à 18 fr. par hectare.

Les taillis simples du Mâconnais et du Chalonnais donnent 600 à 1.000 bourrées valant 50 à 80 fr. pour les révolutions inférieures à 10 ans ; 800 à 1.200 bourrées valant 80 à 120 fr. l'hectare, pour les révolutions de 10 à 12 ans.

Les taillis sous futaie ont une production très variable. Ils valent, dans le Clunisois, 250 à 375 fr. l'hectare à 15 ans ; 480 à 720 fr. l'hectare à 20 ans ; 600 à 1.100 fr. à 25 ans. Aux environs de Mâcon, dans des bois pauvres en réserves, l'hectare se vend 450 à 550 fr. de 15 ans à 20 ans. Une coupe de 18 ans, située sur Laizé, s'est vendue, en 1886, 1.175 fr. l'hectare, et elle a donné, à l'hectare, 7 m. c. bois de service ou d'industrie, 15 stères bois de chauffage, 2.600 fagots et 3.700 kil. d'écorce. D'autres coupes, riches en futaie, se vendent : à 20 ans, 800 fr. l'hectare à Hurigny ; 1.100 fr. l'hectare à Saint-Maurice-de-Satonnay.

A Charolles, les adjudications publiques des coupes de bois particuliers, en 1887, font ressortir les prix de vente suivants :

Bois de 11 ans...... 727 fr. l'hectare.
— 15 —...... 610
— 16 —...... 700, 762
— 17 —...... 625
— 19 —...... 670, 825, 908, 948

Bois de 20 ans...... 1.244, 1.363 fr.
— 22 — 1.002
— 25 — 1.083, 1.191
— 28 — 1.060, 1.080, 1.084, 1.095
— 39 — 790

Les adjudications publiques faites à Autun, en 1887, font ressortir des prix de vente de 1.310 fr., 1.365 fr., 1.401 fr., 1.415 fr. et 1.493 fr. à l'hectare, pour les coupes âgées de 25 ans, très riches en futaie de MM. de Loisy et de Suremain.

Les coupes de la terre de Montjeu se sont vendues, la même année, par adjudication publique, à Autun, l'hectare :

Bois âgés de 22 ans .... 583 fr.
— 24 — 1.030
— 27 — 997
— 28 — 797, 1.363
— 31 — 1.828
— 33 — 1.700, 2.005
— 35 — 1.143

A Chalon, les coupes de la forêt de Gergy, à MM. de Blie et de La Bourdonnaye-Blossac, vendues par adjudication publique, ont produit à l'hectare :

Bois de 17 ans 640 fr. en 1886, et 690 fr. en 1887.
— 19 — 769 — 914 —
— 20 — 813 — 806 —

Dans les coupes de la terre du Pérou, près de Saint-Bonnet-en-Bresse, le taillis se vend une année, la futaie l'année suivante. Ainsi on a vendu, en 1887, par adjudication publique, à Verdun-sur-le-Doubs, la futaie se trouvant sur le taillis vendu en 1886 : cette futaie, comprenant 242 chênes de plus de 1^m 30 de tour, a été adjugée au prix total de 9.134 fr., soit 37 fr. 74 le pied d'arbre. Le lot de taillis, dont la futaie sera vendue en 1888, a été adjugé en 1887 au prix de 422 fr. l'hectare.

Le rendement moyen des taillis particuliers de tout le départment peut être évalué :

RENDEMENT DES TAILLIS PARTICULIERS A L'HECTARE

RÉVOLUTION	PRODUIT ANNUEL EN MATIÈRE	VALEUR DU MÈTRE CUBE	REVENU ANNUEL EN ARGENT
	m. c.	fr.	fr.
Moins de 10 ans.	1.5	6 »	9 »
10 ans.	2	7 »	14 »
15 —	2.5	8 »	20 »
20 —	3	9 »	27 »
25 —	3.5	11 »	40 »

Le nombre des arbres réservés est excessivement variable.

En Mâconnais, on garde ordinairement 3 baliveaux par *coupée* locale, soit 75 à l'hectare. Ailleurs on en réserve jusqu'à 100 à l'hectare. Souvent on adopte les chiffres indiqués par l'Ordonnance de 1827.

Le maintien des modernes et des anciens n'est guère que dans les grandes propriétés, déterminé par l'avenir des arbres et leur état de végétation ; le plus souvent, les gros arbres sont sacrifiés aux besoins des propriétaires. Cependant les bois particuliers de l'Autunois, du Charollais et de la Bresse sont généralement assez riches en futaie ; mais les réserves de taillis exploités à courte révolution ne présentent pas assez de longueur de fût.

Dans quelques forêts, on s'astreint à garder un nombre fixe d'arbres de chaque catégorie, et les remplacements d'une classe d'âge à l'autre sont minutieusement réglés : ainsi, dans la forêt d'Avaize à M. de La Guiche, on garde à l'hectare 60 à 80 baliveaux, 16 à 20 sur-taillis, 8 à 10 modernes et 4 anciens ; 1 sur-taillis vaut 4 baliveaux, 1 moderne 2 sur-taillis, 1 ancien 2 modernes (le terme *sur-taillis* indique le brin de taillis à la 2ᵉ révolution).

Le relevé des affiches d'adjudication des coupes de bois particuliers, dont il a été parlé plus haut, fournit des renseignements exacts sur la proportion relative des arbres abandonnés à l'exploitation et des arbres réservés.

TABLEAU DES ABANDONS ET DES RÉSERVES, A L'HECTARE

LIEUX D'ADJUDICATION	ARBRES ABANDONNÉS	ARBRES RÉSERVÉS				OBSERVATIONS
		BALIVEAUX	MODERNES	ANCIENS	TOTAL	
Charolles.	49	50	42	6	98	Taillis de 19 ans.
	59	80	16	»	96	— 16 —
	35	66	31	»	97	— 17 —
	40	10	6	»	16	— 19 —
	54	57	21	1	79	— 22 —
	62	40	24	2	66	— 25 —
	77	70	40	2	112	— 25 —
	53	53	47	2	102	— 28 —
	78	71	25	1	97	— 28 —
	78	73	50	»	123	— 28 —
	84	91	25	1	117	— 28 —
	17	81	6	»	87	— 39 —
Autun.	33	92	9	8	109	Bois de Montjeu.
	40	44	18	9	71	
	23	48	3	»	51	
	48	41	4	1	46	
	63	39	7	2	48	
	60	56	11	4	71	
	52	35	7	4	46	
	39	60	6	2	68	
	80	60	10	1	71	

La production totale des bois particuliers du département de
Saône-et-Loire peut être évaluée annuellement à :

Taillis sous futaie et têtards..	318.000 m. c.	2.800.000 fr.
Furetage..................	9.000 —	50.000
Futaie feuillue..............	700 —	10.000
Futaie résineuse.............	7.300 —	40.000
Total..........	335.000 m. c.	2.900.000 fr.

La plupart des menus produits secondaires sont enlevés à titre de tolérance. Les bois particuliers présentent un très grand nombre de carrières de toute nature payant des redevances plus ou moins élevées. La chasse, dont il sera parlé plus loin, est affermée dans quelques forêts.

Le revenu brut des bois particuliers est grevé de diverses dépenses. L'impôt foncier, les centimes additionnels et les droits de mutation frappent cette nature de propriété comme toutes les autres ; mais la variabilité du montant de l'impôt ne permet pas de le chiffrer avec quelque exactitude. Les reboisements ne profitent pas toujours de l'exonération d'impôt accordée par la loi, tant en raison des formalités à remplir pour obtenir le dégrèvement, que de la négligence des propriétaires à se faire affranchir de la faible imposition des terrains reboisés.

Les frais de garde constituent, pour les forêts dont la surveillance est confiée à des préposés spéciaux, une dépense éminemment variable, mais qui ne peut être évaluée à moins de 1 fr. par hectare en moyenne. La plupart des forêts un peu importantes sont gardées, et on peut en évaluer l'étendue à 95.000 hectares.

Les traitements des gardes particuliers varient de 200 à 600 fr., et comprennent, en outre, le chauffage, le logement, un peu de terrain, et parfois des gratifications. Dans une des propriétés les plus importantes de Saône-et-Loire, les gardes reçoivent 300 fr. en argent, 8 stères et 300 fagots, le logement avec une étable pour deux vaches, 1 hectare à 1 h. 1/2

6

de terrain et une indemnité de 6 fr. par kilomètre de lignes à entretenir, ce qui représente 700 fr. pour un triage de 400 hectares, soit 1 fr. 75 par hectare. — Dans une autre très grande propriété, les gardes touchent 600 fr. de traitement, 1 0/0 du prix de vente des coupes situées dans leur triage, et reçoivent le logement, 2 hectares de terrain, 15 stères et 300 fagots, pour une étendue moyenne de 300 hectares, soit 3 fr. par hectare ; on leur assure, en outre, une pension de retraite.

En général, les gardes particuliers n'ont qu'une solde insuffisante ; ils exercent cependant des fonctions assez pénibles et assez délicates, pour qu'il soit nécessaire de les mettre au dessus du besoin.

La plupart des forêts de médiocre étendue sont gérées directement par les propriétaires, et n'occasionnent aucuns frais de ce chef ; il n'en est pas de même des grandes propriétés administrées par des régisseurs : les frais de régie ne peuvent être évalués à moins de 2 fr. par hectare, ou 6 0/0 du produit des coupes.

Les adjudications de coupes entraînent des frais d'honoraires, d'affiches, de timbre et d'enregistrement, s'élevant de 7 à 12 0/0 de la valeur du prix principal, payés généralement par les adjudicataires en sus du prix d'acquisition.

§ 11. Mode de vente et d'exploitation.

La plupart des petits propriétaires exploitent eux-mêmes leurs bois, soit pour leur usage personnel, soit pour en vendre les produits en détail, sur place, ou dans les marchés voisins.

Le mode le plus répandu d'exploitation est la vente sur pied, en bloc, à des marchands de bois exploitants. La vente se fait à l'amiable, ou par adjudication publique devant notaire : ce mode de vente, principalement usité pour la grande propriété, tend à se généraliser. Les conditions d'exploitation sont empruntées aux cahiers des charges de l'administration forestière, avec quelques atténuations. Les délais de payement sont variables : on fixe ordinairement 1, 2, 3 ou 4 termes, échelonnés dans un délai ne dépassant guère la durée d'une année.

Dans quelques propriétés de la Bresse, on a l'usage de vendre séparément le taillis et la futaie d'une même coupe : soit la même année en réduisant les délais d'abatage et de façonnage du taillis (ce qui est facile puisqu'on ne fait pas d'écorce), soit l'année suivante.

On vend rarement le bois après façonnage : cela se pratique cependant pour la futaie livrée en grume aux marchands de bois de construction, et pour la charbonnette livrée à des marchands de charbon qui viennent cuire dans les coupes.

Les coupes de quelques forêts sont affermées, pour un temps plus ou moins long, soit à des cultivateurs ayant pris à bail un domaine rural, soit à des industriels employant le bois ou le charbon de bois dans leurs établissements, comme les forges de Gueugnon et l'usine du Verdrat.

Les coupes de la forêt d'Avaise à M. de La Guiche sont ainsi affermées, par un bail de 20 ans prenant fin en 1888, à cette dernière usine, moyennant 60.000 fr. par an, avec l'étang du Verdrat, l'outillage et les dépendances de la forge.

Les conditions d'exploitation et le nombre des réserves à conserver sont alors parfaitement définis dans les actes de concession, et, comme on l'a vu plus haut, la substitution des arbres d'une catégorie à ceux d'une autre classe a été minutieusement prévue.

Ces affectations des produits d'une forêt aux besoins d'une usine, fort nombreuses autrefois, ne paraissent plus répondre aux conditions économiques de notre époque. Ainsi la fabrication du fer-blanc, longtemps prospère au Verdrat, a décliné depuis quelques années, et vient même d'être suspendue ; l'usine, qui consommait 4.000 quintaux métriques de charbon de bois, n'en consommait plus du tout depuis longtemps, et

le bail n'implique, en définitive, actuellement, qu'un mode particulier de vente et d'exploitation des coupes de la forêt
d'Avaise : le directeur du Verdrat est un simple adjudicataire
exploitant et revendant la totalité de ses bois.

Les forges de Gueugnon n'emploient des bois que pour leurs
installations.

Les exploitations de bois particuliers se font généralement
sans beaucoup de soin ; les délais d'abatage, de façonnage et
de vidange ne sont pas toujours observés ; l'écorçage sur pied
se pratique fréquemment en Mâconnais et en Chalonnais.

§ 12. Travaux.

Des travaux d'amélioration sont exécutés par les propriétaires soucieux de la bonne tenue de leurs bois : lignes d'aménagement établies et entretenues, fossés d'assainissement,
repeuplement des vides, établissement et entretien des chemins de desserte, émondage des baliveaux, etc. Mais la généralité des bois est abandonnée aux seules forces naturelles, et
tous les soins sont réservés à la culture des terres.

Les particuliers imitent souvent les procédés de l'administration forestière, mais ils ne voient ou ne cherchent qu'un
profit immédiat, souvent illusoire, dans des opérations purement culturales. Ainsi la pratique des nettoiements de taillis,
si utile dans certains sols, est appliquée à outrance sur les
calcaires les plus brûlants des coteaux, où l'enlèvement du
sous-bois et des essences secondaires ne laisse que des tiges
clair-semées de chêne.

§ 13. Reboisement.

D'importants travaux de reboisement ont été entrepris dans
le département de Saône-et-Loire, surtout dans l'Autunois et
le Charollais.

Dès 1828, M. de Rambuteau introduisait sur la commune d'Ozolles le pin maritime, le pin sylvestre et le mélèze. Un peu plus tard, le pin maritime etait planté dans les sables de La Truchère. MM. d'Esterno, de Quercize et de Loisy commençaient de grandes plantations dans l'Autunois. Le Charollais suivait l'exemple de M. de Rambuteau, et les flancs du mont de Suin, du mont Botey, ainsi que la région montagneuse du Sud-Est se couvraient de bouquets de résineux.

A partir de 1861, l'administration forestière donna une vive impulsion aux travaux de reboisement, par la délivrance d'immenses quantités de graines et de plants, à titre de subvention.

On employa un très grand nombre d'essences résineuses et feuillues, dont quelques-unes furent condamnées par l'expérience : le pin maritime et le cèdre ne résistent pas aux froids rigoureux des hivers exceptionnels ; l'ailanthe ne supporte même pas les gelées ordinaires. Toutes les essences indigènes sont employées, ainsi que l'acacia, le pin sylvestre, le pin noir d'Autriche, l'épicéa, le mélèze, et le pin weymouth.

Tous les modes de semis et de plantation ont été essayés. Le pin sylvestre se sème très économiquement et avec succès sur bruyère ; le pin noir et le pin sylvestre réussissent en semis plein, par bandes ou par potets, et aussi en plantation ; le sapin, l'épicéa, le mélèze se plantent de préférence ; le chène peut se semer, mais il réussit mieux en plantation, ainsi que les autres feuillus.

Les résineux ne sont ordinairement cultivés qu'à titre d'essence transitoire, pour améliorer le sol et donner un abri aux feuillus qui se jettent spontanément dans le massif, ou qu'on y plante dès le début par lignes alternes ; la transformation d'un massif résineux en massif feuillu est généralement facile à obtenir, soit par les seules forces naturelles, soit par des coupes appropriées.

Les reboisements les plus remarquables de Saône-et-Loire exécutés par les particuliers sont ceux : de M. de La Guiche, sur 60 hectares, à Saint-Bonnet-de-Joux ; de M. de Rambuteau, à Ozolles, sur 120 hectares, dont 80 hectares en mélèzes ayant jusqu'à 0^m 50 de diamètre ; de M. d'Esterno ; de M. de Loisy ; mais surtout ceux de M. de Quercize qui possède sur la commune de Lucenay-l'Evêque 690 hectares reboisés, dont 480 hectares en chêne, 30 hectares en châtaignier, 115 hectares en résineux, et 335 hectares en feuillus et résineux mélangés.

La conversion en bois de landes improductives est une opération évidemment très avantageuse ; mais elle exige de celui qui l'entreprend une fortune qui lui permette de se passer, pendant 30 à 40 ans, du revenu des capitaux engagés dans cette spéculation.

§ 14. Défrichement.

Les défrichements se sont opérés autrefois sur de vastes étendues dans le département de Saône-et-Loire, pour substituer aux bois des terres, des prés, des vignes ; ils sont actuellement très restreints, et limités, pour ainsi dire, à l'arrondissement de Charolles.

La création de vignes, de prés et même de terres cultivables est souvent avantageuse, mais elle doit être faite avec discernement ; à moins de porter sur des sols de qualité supérieure pour les cultures projetées, le défrichement de grandes étendues de terrain, comportant l'obligation de bâtir, est le plus souvent une opération désastreuse.

Si l'on peut citer les 77 hectares de bois défrichés par M. d'Etampes, sur le territoire de Charnay, qui forment aujourd'hui des prés magnifiques entourés par le Doubs, on peut indiquer, en sens contraire, des exemples bien connus : 245 hectares défrichés par M. de Réaulx en 1860 et 1861 sur la

Loyère et sur Virey ; 30 hectares défrichés par M. de La Loyère, sur la Loyère ; 135 hectares de la forêt de Chagny, 93 hectares à Allerey n'ont donné que de mauvaises terres sans fermiers, des vignes sans récoltes.

L'administration forestière a mis souvent opposition aux demandes de défrichement, pour assurer la salubrité du pays, l'existence des sources et la régularité du régime des eaux. Outre le rôle que jouent les bois à ces points de vue d'intérêt général, on ne saurait contester aux massifs forestiers existant actuellement l'influence précieuse qu'ils exercent sur la condensation des vapeurs atmosphériques, en assurant ainsi aux cultures, et spécialement aux pâturages, le bénéfice de pluies assez fréquentes.

4e PARTIE

EMPLOI DES BOIS, COMMERCE, INDUSTRIE

Avec ses 155.000 hectares de forêts, et sa population de 626.000 habitants, le département de Saône-et-Loire est producteur et consommateur de bois ; il offre, en dehors du transit, un triple mouvement de trafic intérieur, d'importation et d'exportation, auquel satisfait le commerce, suivant les exigences de la consommation locale ou les demandes de l'extérieur.

Il n'est pas possible de suivre les transactions dans le champ presque illimité où elles s'exercent, non plus que d'indiquer les emplois variés à l'infini des bois ; il faut nécessairement se borner à signaler les grands courants commerciaux, les objets et les centres de consommation les plus importants, et ces éléments varient avec la nature des marchandises.

Les forêts de Saône-et-Loire ont non seulement à supporter la concurrence générale que créent partout le fer aux bois de service et d'industrie, la houille aux bois de feu, et qui y pénètrent facilement par un réseau magnifique de voies de communication. Elles se trouvent juxtaposées à des centres de production très importants de ces deux articles, et il en résulte une situation particulière, non dépourvue cependant de tout avantage, car les mines font une consommation considérable de bois.

Les produits principaux des forêts sont les bois de service et d'industrie, les bois de feu et les écorces.

CHAPITRE I

BOIS DE SERVICE ET D'INDUSTRIE

La généralité des forêts du département de Saône-et-Loire se compose de taillis sous futaie donnant par leurs réserves des bois de service et d'industrie d'une qualité supérieure. Les bois de chêne, désignés dans le Midi sous le nom de *chêne de Bourgogne*, sont particulièrement recherchés à cause de leur résistance et de leur durée. Les chênes provenant des forêts de l'Etat traitées en futaie ont l'avantage de présenter des longueurs sensiblement plus élevées que les arbres provenant de taillis, mais ils offrent moins de raideur.

Outre le Midi de la France, qui les emploie aux constructions navales, dans les ports de Toulon, Marseille, Agde, Cette, etc., ces bois servent à beaucoup d'autres usages.

Les Compagnies de chemins de fer en demandent de grandes quantités pour les traverses, pour les tabliers de ponts métalliques, et pour le matériel.

Les départements viticoles les recherchent pour la fabrication des pressoirs, des cuves, des foudres et de la futaille courante.

La marine fluviale en consomme une grande quantité pour la construction des bateaux; les canaux, pour l'établissement des portes d'écluses.

Les Compagnies minières, de leur côté, demandent les mêmes bois pour le boisage de leurs puits et galeries, ainsi que pour leur matériel fixe et roulant.

Enfin le vignoble consomme une quantité considérable d'échalas.

Mais la substitution du fer au bois est devenue de plus en plus générale dans les emplois du chêne. L'abaissement énorme du prix de revient du fer et de l'acier, résultant du perfectionnement de la métallurgie, a permis au métal d'entrer de plus en plus dans les constructions de tout genre, et devait fatalement amener la diminution d'emploi et la baisse de prix des futaies. Aussi les chênes sur pied, qui se vendaient, il y a 3 ou 4 ans, 60 à 80 fr. le mètre cube au cinquième déduit, trouvent-ils difficilement preneur aujourd'hui à 30 et 50 fr.

La concurrence du fer toutefois n'est pas le seul facteur à faire entrer en ligne de compte dans cette différence du prix des bois. L'abaissement extraordinaire du fret maritime a amené dans nos ports, venant de l'Adriatique, de la mer Noire, de la Baltique et de l'Amérique, des bois de toute essence à des prix excessivement bas; tandis que, de leur côté, les chemins de fer allemands et autrichiens transportent à des conditions inconnues en France, et déversent sur nos pays les bois du Tyrol, de la Hongrie, de l'Autriche et du Centre de l'Allemagne. Le marché étant ainsi surchargé, la situation a encore empiré, et elle a constitué, pour ce produit de nos forêts, une véritable crise.

Il y a lieu cependant d'espérer que la cessation de la crise agricole, qui pèse lourdement sur le pays et se répercute sur le commerce et l'industrie, produirait un relèvement sensible des cours.

Le chêne est le plus important des produits des forêts de Saône-et-Loire, mais il n'est pas le seul : le hêtre, le frêne, le bouleau, le charme, l'orme, l'aulne, le tremble, etc., présentent aussi d'excellentes qualités et ont de nombreux emplois.

§ 1. Constructions navales.

Le service des constructions navales marquait, presque chaque année, dans les forêts domaniales de la Bresse, un certain nombre de chênes pour la marine nationale. La forêt des Etangs a fourni ainsi 88 m. c. en 1880, et 142 m. c. en 1884; la forêt de Pourlans a donné 150, 180, 200 et jusqu'à 416 m. c., en 1876. Les forêts particulières apportaient également leur appoint des plus beaux arbres de la contrée.

Mais, depuis 1884, le département de la marine a cessé de prendre du bois dans Saône-et-Loire, parce que les constructions navales se font maintenant presque exclusivement en acier, et que l'approvisionnement de bois durs, existant actuellement dans l'Arsenal de Toulon, suffit pour l'entretien et la réparation des anciens bâtiments en bois.

La marine marchande enlève la totalité des plus beaux chênes, pour l'approvisionnement des divers chantiers de construction de la Méditerranée.

§ 2. Batellerie.

Les bois de 2ᵉ choix sont en partie absorbés par la batellerie fluviale.

On construisait à Chalon un nombre assez considérable de bateaux, dont quelques-uns à étrave, appelés *flûtes* ou *pointus*, mais la plupart à proue relevée. Cette construction a beaucoup baissé depuis la formation de la *Compagnie de transport Havre-Paris-Lyon*, qui a englobé presque tous les petits maîtres mariniers de la région, et qui fait construire la plupart de ses bateaux neufs à Auxerre. Aussi le nombre de bateaux lancés à Chalon chaque année ne dépasse-t-il guère la trentaine, dont les trois quarts à proue relevée. On fabrique également des bateaux de plus faible dimension, appelés *bâches*, et des bachots appelés *barquots*.

En dehors de Chalon, il se fait chaque année, dans le département de Saône-et-Loire, au moins 30 bateaux, dont moitié au port de Montceau-les-Mines, le reste à Chagny, Saint-

Léger-sur-Dheune, Génelard, Le Montet, Paray-le-Monial et Digoin. Les types sont les mêmes.

Les fonds de bateau sont en sapin du Jura; la coque est généralement en chêne, quelquefois cependant partie en sapin. Il entre, dans la construction d'un bateau de Saône, 28 à 30 m. c. de bois, dont 8 de sapin, le reste en chêne. Le déchet résultant de la mise en œuvre est presque nul pour le sapin, car on se contente d'affranchir les deux côtés des planches; il est de 1/5 pour les chênes mesurant $1^m 50$ de tour au milieu, et plus fort pour ceux de moindre dimension.

Le prix du sapin est aujourd'hui de 15 fr. le mètre cube au quart sans déduction, pour *gros rondins*; celui du chêne est descendu cette année à 80 fr. le mètre cube au cinquième déduit, rendu à Chalon.

La valeur d'un bateau à coque de chêne varie de 4.500 à 5.500 fr. suivant la qualité du bois et les soins apportés à la construction. Un bateau fait en hiver coûte toujours 300 fr. de plus de main-d'œuvre qu'un bateau construit en été.

La durée d'un bateau est de 15 à 20 ans. Les frais d'entretien s'accroissent à mesure que le bateau vieillit; et, s'il est entretenu convenablement, la dépense moyenne peut être évaluée de 200 à 250 fr. par an.

La valeur des débris de démolition ne dépasse pas actuellement 200 fr.

Le nombre total des ouvriers charpentiers en bateaux peut être évalué à 150, dont 70 à Chalon.

§ 3. Bois de construction.

Les constructions civiles ou industrielles absorbent également une partie du bois de service, malgré la concurrence que font aux bois du pays les sapins des Vosges et du Jura, les bois de Suède et de Norwège.

La crise qui pèse actuellement sur l'agriculture, le commerce et l'industrie paralyse les travaux du bâtiment qui, à peu d'exceptions près, se réduisent à l'entretien et à la réparation.

La construction de pressoirs, dans le pays vignoble, qui absorbait autrefois une quantité considérable des plus gros arbres, s'est absolument modifiée par l'adoption de types édifiés en fonte et en acier ; cet emploi est donc en grande partie supprimé, réduit qu'il est à l'entretien des vieux pressoirs.

§ 4. Sciages.

Les sciages ont des emplois très divers et s'appliquent à d'autres essences que le chêne. Le hêtre fournit des sciages à grain fin et lustré recherchés pour la fabrication des carcasses de meubles, que Lyon demande beaucoup. Le frêne, l'orme, l'érable s'emploient en carrosserie et charronnerie ; le tremble et le peuplier fournissent des planches et de la volige ; le cerisier est recherché par la menuiserie et l'ébénisterie, tout en s'employant à la construction de certains vases vinaires, à raison de sa légèreté.

Les débits n'offrent rien de spécial. Ils se font le plus ordinairement en forêt, dans des ateliers volants de scieurs de long, mais aussi dans des scieries mécaniques mues par l'eau ou par la vapeur : on compte, dans le département, 61 maîtres scieurs de long, et 62 scieries dont 27 pour l'arrondissement de Charolles, principalement sur les cours d'eau de la région montagneuse du Sud-Ouest, où elles débitent les bois de la Loire et du Rhône, outre les bois du pays.

Il y a 509 charrons et 52 charrons forgerons épars dans Saône-et-Loire, 2 fabricants de machines agricoles, 612 menuisiers, 82 ébénistes, 40 marchands de meubles, 22 carrossiers occupant un nombre variable d'ouvriers.

La fabrication des traverses de chemin de fer constituait autrefois un débouché important pour les bois de la région.

Mais, depuis quelques années, la Compagnie Paris-Lyon-Méditerranée, devenue maîtresse exclusive de toutes les voies ferrées du département, et qui a un vaste champ d'approvisionnement dans son réseau, se montre particulièrement sévère dans ses réceptions ; aussi le commerce a-t-il sensiblement délaissé cet article, dont le prix ne dépasse guère celui du bois de chauffage. La Compagnie n'emploie que du chêne. Les fournitures étant adjugées sur soumissions cachetées, les autres départements font une concurrence souvent heureuse à celui de Saône-et-Loire.

Les portes d'écluses de canal sont faites avec des sciages de chêne de première qualité et de grande épaisseur.

Les ateliers de construction de wagons de la Buire (à Lyon) et d'Oullins (près de Lyon) emploient beaucoup de bois de Saône-et-Loire.

Les pressoirs, les cuves, les foudres et autres vases vinaires absorbaient autrefois une quantité considérable de sciages, surtout en chêne ; mais depuis la destruction des vignobles par le phylloxéra, tant en Saône-et-Loire que dans les départements voisins et dans le Midi, cet emploi est bien réduit.

Les sciages de chêne pour la menuiserie et pour le parquet présentent les plus grandes qualités de résistance et de durée : mais la difficulté de les travailler leur fait souvent préférer, par les ouvriers, les bois plus tendres de Trieste et de Hongrie.

Il se fait un grand nombre de sciages de bois blancs pour emballage.

Le sapin, le mélèze, le pin, l'épicéa sont également débités dans les scieries mécaniques, soit en planches de qualité médiocre, soit en lattes, soit surtout en échalas ; on reproche toutefois à ces échalas d'être cassants à la hauteur des nœuds, surtout pour le pin.

§ 5. Bois de fente.

Les bois de fente avaient autrefois un débit considérable pour la fabrication des futailles (*pièces* et *feuillettes*) et de la nombreuse série des vases servant à la préparation, à la conservation et au transport des vins, ainsi que pour la confection des échalas destinés à l'éducation de la vigne. Mais l'introduction des merrains d'Autriche et de Hongrie d'une part, et la destruction des vignes par le phylloxéra d'autre part, ont sensiblement limité ce débouché. Depuis quelques années cependant, Chalon expédie sur le Midi, sur l'Algérie et sur la Tunisie, des douelles de grandes dimensions recherchées dans ces pays chauds, pour leur force, leur résistance et leur peu de porosité. Le châtaignier fournit également des douelles de futaille.

La fabrication des échalas a été et peut redevenir considérable; elle emploie le chêne, le châtaignier, le coudrier, l'acacia, le tremble et le saule : ces deux derniers doivent être trempés dans une dissolution de sulfate de fer ou de cuivre.

Le département de Saône-et-Loire, outre sa consommation, en exporte dans le Rhône et dans la Côte-d'Or; mais il en importe de la Haute-Saône, du Doubs et du Jura, d'où ils sont amenés, par la Saône, soit en bateaux, soit sur radeaux, aux grandes foires qui se tiennent au printemps à Chalon et à Mâcon.

La fabrication des cercles de tonneaux, qui utilise les menus brins de chêne, châtaignier et coudrier, était également très importante autrefois, et elle a diminué pour les mêmes causes; de plus, le reliage a subi une modification par la substitution du fer (*feuillard*) au bois, et actuellement la futaille soignée est reliée en fer en totalité, ou au moins en partie.

Le bouleau convient aussi à la fabrication du cercle de tonneau, mais son emploi est limité à la rive gauche de la Saône :

car les vignobles bourguignon et beaujolais le rejettent pour éviter toute confusion avec la futaille bressanne, et toute suspicion d'origine sur le contenu.

Comme l'échalas, le cercle de tonneau est un objet de consommation locale, d'exportation et d'importation, et il suit les mêmes voies de transport.

Encore un emploi presque entièrement supprimé des bois de fente : le reliage des cuves et des foudres, qui nécessitait autrefois des brins de 0^m12 à 0^m20 de largeur, et pour lequel on recherchait de préférence le chêne et le frêne, a fait place aujourd'hui au reliage en fer.

On compte, dans le département de Saône-et-Loire, 81 maîtres-tonneliers, 6 marchands de tonneaux, 8 fabricants d'échalas, 6 cercliers et 10 marchands de cercles.

§ 6. Sabotage.

Cette industrie est très répandue dans le département, où l'on compte 406 sabotiers et 220 marchands de sabots.

L'Autunois produit surtout le sabot de hêtre ; la Bresse, le sabot de bouleau, d'une forme spéciale, constituant une chaussure légère, saine et chaude, d'un usage absolument général dans cette région humide.

On ne voit plus aujourd'hui de chantiers de sabotiers s'installant en forêt, et se portant de coupe en coupe avec les exploitations ; le travail se fait dans les villages environnant les bois : il attirait autrefois en Bresse, pour sept ou huit mois de l'année, un nombre considérable d'ouvriers auvergnats.

§ 7. Chaiserie.

La fabrication des chaises a une certaine importance à Tournus, où l'on compte 100 ouvriers chaisiers, et dans plusieurs

7

communes de la Bresse louhannaise, où les cultivateurs s'adonnent à cette industrie dans leurs moments de loisir (Préty, Lacrost, La Truchère, Cuisery, Rancy, Jouvençon, Bantanges, etc.).

La production peut être évaluée annuellement à 1.600 douzaines de chaises, dont moitié provient de Tournus.

Les bois tout débités sont expédiés d'Artemare (Ain) aux gares de Tournus et de Cuisery, par wagons de 6.000 à 6.500 kilos pour le hêtre, de 5.000 à 5.500 kil. pour le noyer, quantités nécessaires pour monter 100 douzaines de chaises. Le prix du wagon, frais de transport compris, est en moyenne de 800 fr. pour le noyer, de 550 fr. pour le hêtre.

Tournus emploie 7/10 de noyer, 2/10 de hêtre et 1/10 de frêne.

Les bois blancs ne sont utilisés que comme *bâtons de chaises* recouverts de paille autour du siège, ou pour les chaises très communes fabriquées à la campagne.

La chaise ordinaire est carrée; on fait également la chaise ronde, ou arrondie, en noyer, un peu plus luxueuse.

L'ouvrier chaisier peut monter 3 à 4 chaises par jour, et reçoit 0 fr. 75 à 1 fr. par chaise. L'ouvrière pailleuse emploie de la paille de seigle coupée en vert et blanchie au soufre, d'une valeur de 0 fr. 20 par chaise : elle peut couvrir 2 à 3 chaises par jour, et gagne 0 fr. 45 par chaise. Dans la chaise ronde, la paille est souvent remplacée par un cannage.

Le marché de la chaise se tient à Tournus et subit des fluctuations assez considérables. La douzaine se vend ordinairement :

En hêtre .... 20 à 34 fr.
En noyer .... 30 à 36
Ronde en noyer........ 45 à 48

La chaise moins finie du Louhannais vaut seulement 17 à 18 fr. la douzaine.

Les chaises sont livrées au commerce par paquets de six, et doivent ensuite être vernies ou cirées.

§ 8. Etais de mines.

Les mines font une consommation considérable de bois pour étais et pour leur matériel fixe et roulant : cette consommation, variable suivant la nature des mines, doit être étudiée séparément pour chaque catégorie.

1° *Houillères*. — Les diverses exploitations houillères du département de Saône-et-Loire se trouvent dans des conditions assez comparables, pour qu'il suffise d'établir la consommation de l'une d'entre elles, et d'en inférer le chiffre de l'ensemble.

La Compagnie de Blanzy, la plus importante de toutes, puis-qu'elle extrait annuellement 900.000 tonnes de houille sur 1.260.000, production totale du département, a employé en 1886 :

238.817 étais de chêne, dont :

de 1 m. 65 de longueur	Gros.....	2.606
	Moyens..	3.607
	Petits....	1.180
de 2 m. —	Gros.....	2.219
	Moyens...	23.311
	Petits....	2.472
de 2 m. 33 —	Gros.....	59.314
	Moyens ..	87.105
	Petits....	41.164
de 2 m. 65 —	Gros.....	5.538
	Moyens...	5.740
de 3 m. —	Gros.....	2.583
	Moyens ..	1.978

234.911 étais de pin, dont :

de 1 m. 65 de longueur	Gros	71
	Moyens	99
	Petits	1.946
de 2 m. —	Gros	12.412
	Moyens	11.913
	Petits	3.487
de 2 m. 33 —	Gros	58.876
	Moyens	49.410
	Petits	72.087
de 2 m. 65 —	Gros	3.286
	Moyens	4.268
de 3 m. —	Gros	5.080
	Moyens	11.976

473.728 étais, au total, ayant

un diamètre { au petit bout, de 0 m. 10 à 0 m. 16,
au gros bout, de 0 m. 12 à 0 m. 18.

Blanzy a, en outre, employé :

34.750 perches de pin de 4 mètres,

7.216 chandelles de 2^m65,

13.680 chandelles de 3^m00;

394.000 barres de 1^m33,

314.765 mètres courants de redos ou écoins,

61.000 traverses de chemin de fer à l'intérieur de la mine,

1.625 m. c. grume chêne, pour les installations et le matériel,

302 m. c. grume sapin,

24.536 mètres courants de planches de sapin de 4 mètres,

84.494 mètres courants de lambris de sapin.

La durée des étais varie de quelques semaines à 3 ou 4 ans.

Le chêne provient : moitié de Saône-et-Loire, moitié de la Nièvre, du Jura, du Doubs et de la Haute-Saône. Le sapin et le pin proviennent : un tiers de Saône-et-Loire, du Doubs et du Jura, deux tiers d'Alsace, du duché de Bade et de la Suisse.

Le chêne coûte sur place 25 à 35 fr. le mètre cube ; les résineux 20 à 25 fr.

Les frais de transport, dont les deux tiers se font par eau,
sont :

Par eau.......... de 1 fr. 50 à 6 fr. le m. c. (moyenne 5 fr.).
Par chemin de fer. de 5 fr. à 15 fr. le m. c. (moyenne 10 fr.).

Les bois rendus sur le carreau de la mine reviennent à :

Chêne........ 0 fr. 35 à 0 fr. 45 le mètre courant,

Résineux ..... 0 fr. 30 à 0 fr. 35   —

un mètre cube donnant 100 mètres courants.

Un mètre courant de galerie comporte, en moyenne, l'emploi de 8 à 9 mètres courants d'étais.

Les dépenses en bois de la Compagnie des mines de Blanzy
ayant été de 500,000 fr., soit 0 fr. 555 par tonne de houille,
on peut fixer à 700,000 fr. la valeur totale des bois employés
annuellement par l'ensemble des houillères du département.

Ces bois sont en partie achetés directement au commerce,
en partie livrés par des fournisseurs attitrés (M. Boutroux, de
Nevers, a la fourniture du Creusot et des mines qui en
dépendent).

Les livraisons se font sur commandes libellées dans une
forme spéciale, dont voici deux exemples.

COMMANDE POUR BLANZY

Etais chêne, diamètre minimum au petit bout, 0 m. 11.

LONGUEUR	QUANTITÉ	0/0	TOLÉRANCE
m. 3 00	4.000	4	
2 65	3.000	3	
2 33	70.000	76	1 0/0
2 00	15.000	16	
TOTAL......	92.000		

COMMANDE POUR LE CREUSOT

LONGUEUR et SECTION	QUANTITÉ	PRIX	0/0
m.		f.	
2 33 / 14	1.030	0 975	13
2 16 / 14	263	0 945	3.4
2 00 / 14	684	0 875	9
1 67 / 14	37	0 725	0.5
2 33 / 10	1.359	0 560	17
2 16 / 9	4	0 520	»
2 00 / 9	854	0 480	11
1 67 / 9	3.598	0 400	46
TOTAL	7.829		

2° *Schistes bitumineux.* — Comme pour les houillères, les conditions d'exploitation des mines de schistes bitumineux sont assez analogues pour qu'on puisse déduire la consommation totale de la plus importante d'entre elles. La Société lyonnaise a employé, en 1886 :

760 m. c. d'étais, dont 3/5 chêne, 1/5 aulne, 1/5 pin, ayant un diamètre minimum de $0^m 10$ à $0^m 12$ au petit bout, et $0^m 15$ à $0^m 18$ au gros bout, d'une longueur de $1^m 50$ à $2^m 50$, provenant en totalité de la région, coûtant 0 fr. 25 à 0 fr. 30 le mètre courant, ou tirés de perches payées 0 fr. 75 à 1 fr. 25 suivant longueur;

60 m. c. de bois de service ou d'industrie, pour l'entretien de son matériel fixe et roulant, dont 1/3 chêne coûtant 90 fr.; 1/3 sapin coûtant 60 fr. et 1/3 peuplier coûtant 30 fr. le mètre cube au cinquième déduit.

Soit une dépense de 15.000 fr. de bois pour une extraction de 75.000 m. c., ou 0 fr. 20 par mètre cube de schiste bitumineux.

La production totale étant de 105.000 m. c. , il faut, chaque année, pour 21.000 fr. de bois à cette catégorie de mines.

3° *Pyrites de fer.* — Les mines de fer de Change et de Mazenay ont employé, en 1886 pour :

1.415 fr. d'étais, barres ou garnitures de boisage, traverses ou coins de chemin de fer,

196 fr. de bois façonnés et de manches d'outils de mineurs.

Total 1.611 fr.

4° *Mines de manganèse.* — Les mines du Grand Filon et de Romanèche ont employé pour 13.597 fr. de bois de chêne pour étais.

5° *Mines de pyrites de fer.* — La mine de pyrites de fer de Chizeuil n'a dépensé que 320 fr. de bois.

6° *Ensemble des industries minérales.* — L'ensemble des industries minérales de Saône-et-Loire consomme donc annuellement pour 736.000 fr. de bois.

§ 9. Autres industries.

Il y a un grand nombre d'autres industries relatives au bois, mais elles ne présentent aucune importance réelle au point de vue de la consommation.

On compte dans le département 17 boisseliers, 7 tourneurs, 11 galochiers, 2 treillageurs et 1 fabricant de jalousies.

L'Autunois fabrique des arçons de selle, des attelles de collier, des jougs, des pelles, des écuelles et des cuillers en hêtre ; le Beaujolais, des échelles, des râteliers, des cuviers, des celliers, des barattes en sapin, mélèze, épicéa et bois blancs ; la Bresse des manches d'outils, des fourches, des râteaux, des cages à volailles, des balais de bouleau, etc.

Chalon avait autrefois une fabrique d'allumettes, supprimée depuis l'établissement du monopole.

Saint-Léger-sous-la-Bussière et Chalon ont eu des fabriques de brosses, fermées aujourd'hui.

On peut signaler comme fabrication locale la confection des *bondes* et *broches* de futaille, et celle des *faussets*.

Les fabriques de produits chimiques extrayant les acides de bois ont pris, depuis quelques années, un grand développement : Saône-et-Loire ne présente aucune de ces fabriques, mais il expédie des bois pour cet usage, soit à Paris, soit à Lyon, et les bois du Charollais sont appréciés pour leur rendement en acide.

La vannerie, qui emploie la catégorie la plus infime des produits ligneux, tirés d'ailleurs plutôt des champs que des forêts, est représentée, dans le département de Saône-et-Loire, par 16 vanniers. Le reliage des cercles de tonneaux en est la branche la plus importante.

Un emploi que les bois du pays n'ont pas encore abordé, mais qu'ils pourraient enlever aux départements voisins, est la fourniture des poteaux télégraphiques. Les lignes aériennes présentent un développement de 1.268 kilomètres et nécessitent 22.230 poteaux en bois, soit une fourniture annuelle d'entretien de 1.200 poteaux provenant actuellement de Grand-Contour (Jura).

CHAPITRE II

BOIS DE FEU

La dépréciation qui pèse sur les bois d'œuvre n'a pas encore frappé les bois de feu, dont il se fait, pour le chauffage domestique et pour la cuisson des aliments destinés au bétail, une consommation énorme, à laquelle la production locale ne peut suffire.

Aussi le commerce est-il obligé de s'approvisionner dans la Haute-Saône, le Doubs et le Jura, et il le fait d'ailleurs à peu de frais, en raison de l'extrême facilité des transports par eau. C'est ainsi que les villes de Chalon et de Mâcon tirent, soit de la vallée supérieure de la Saône, soit du Charollais et de l'Autunois, la plus grande partie des bois de feu nécessaires à leur consommation, en les faisant venir par bateau à des prix minimes.

Les bois transportés par eau de Gray à Chalon, c'est-à-dire à une distance de 100 kilomètres, ne coûtent pas plus que ceux amenés par voiture à Chalon de la forêt de la Ferté, distante seulement de 10 kilomètres.

La production locale du Mâconnais, du Chalonnais et de la Bresse ne peut donc lutter avec les marchés des bois de feu riverains de la Saône. Elle ne peut non plus les exporter avec quelque avantage sur Lyon, où les départements de la Haute-Saône, du Doubs et du Jura conservent la supériorité, en raison de l'abaissement du fret avec les distances : ainsi, le transport du bois de chauffage coûte par la Saône :

De St-Symphorien à Chalon, pour   78 kilom. 0 fr. 031 la t.
De Dôle à Lyon,   —   231 kilom. 0 fr. 022 —
De Gray à Lyon,   —   276 kilom. 0 fr. 018 —

Mais elle a un marché suffisant à l'intérieur du département pour l'absorber complètement, et les prix se maintiennent sans baisse sensible, si le marché n'est pas encombré par des exploitations extraordinaires. Les bois du Morvan autunois sont flottés sur Paris.

Les bois de feu se distinguent en bois de chauffage, bois à charbon, fagots et bourrées.

§ 1. Bois de chauffage.

Les bois de chauffage sont coupés, suivant l'usage local, en bûches de 1 m. 33 de longueur, et se vendent dans les coupes et sur les ports, en piles ayant cette dimension sur chaque face, formant un volume de 2 stères 35 appelé *moule*.

Le terme de *stère*, employé usuellement à Mâcon et à Chalon, ne s'applique pas au stère métrique, mais à une pile ayant, avec la longueur de bûche ordinaire de 1 m. 33, un mètre sur chacune des autres faces : ce qui représente un volume de 1 stère 33.

La *moulée*, exploitée dans le Morvan pour Paris, a 1 m. 137 de longueur de bûche et s'empile, aux ports de départ, sur 6 mètres de couche et 1 m. 50 de hauteur, ce qui donne le *décastère*, terme usuel des marchés de l'Yonne.

Le charme et le hêtre sont les plus appréciés des bois de chauffage ; le chêne de montagne ou de coteau est bien supérieur au chêne de plaine ; le bois de taillis est préférable aux branchages des arbres : en Bresse, toutefois, les *couronnes* de futaies sont recherchées.

§ 2. Bois à charbon.

La fabrication du charbon de bois avait autrefois une grande importance dans le département de Saône-et-Loire, pour l'alimentation de nombreuses usines.

En 1838, les forges du Mesvrin consommaient 2.700 quintaux métriques de charbon de bois ; Perrecy-les-Forges, 8.500 quintaux et 860 seulement de houille ; le Verdrat, 4.000 quintaux ; Gueugnon, Bouvier, le Montet, Perreuil, le Perrier marchaient également au bois. La consommation de toutes les usines était à cette époque :

Houille.......... 656.953 quintaux métriques
Charbon de bois... 18.036 — —
Minerai.......... 305.194 — —

Le coke a été substitué, d'une façon à peu près générale, au charbon de bois dans la fabrication du fer ; la grande industrie a fait disparaître les anciennes petites forges disséminées dans le Charollais et l'Autunois, et, des deux dernières qui subsistent encore, le Verdrat vient de s'arrêter, Gueugnon ne consomme du bois que pour ses installations extérieures.

D'autre part, la multiplication des fourneaux à gaz dans les villes a sensiblement diminué la consommation domestique qu'en faisaient les ménages et les petites industries.

Enfin la fabrication des acides de bois, qui a pris une grande extension dans ces derniers temps, fournit des quantités considérables de charbon qui, tout en étant d'une qualité inférieure comme combustible, n'en constitue pas moins une concurrence sérieuse aux fourneaux de la forêt. Ce charbon, beaucoup plus cuit que l'autre, s'allume très facilement, et dégage moins de gaz délétères.

La fabrication du charbon en forêt est donc généralement abandonnée, et ne se pratique plus, d'une manière un peu suivie, que sur les points les plus reculés et les moins accessibles.

La *charbonnette* se débite à 0 m. 665 de longueur, s'empile en *cordes* de 2 m. 66 de couche et 1 m. 33 de hauteur, représentant un volume de 2 stères 35.

On peut ranger dans cette catégorie les bois employés par les verreries pour recuire les bouteilles, la fusion des matières s'obtenant à la houille. Les verreries de Blanzy consomment annuellement 1.000 stères, celle de Chalon 8 à 900 stères.

§ 3. Fagots et bourrées.

Le débit des bois de feu en *fagots* est très considérable dans les forêts de Saône-et-Loire, principalement dans la vallée de la Saône; les types varient suivant les localités, et les prix dépendent surtout du poids. Les *bourrées* ne comprennent que de la ramille.

Les fagots sont consommés principalement par la boulangerie. On compte dans le département 918 boulangers, très inégalement répartis sur le territoire, suivant la densité des populations et les habitudes locales : nombreux dans les villes et dans les centres industriels, ils le sont moins dans les régions où les habitants, groupés dans des villages, se servent du four banal; ils sont rares dans les contrées où les maisons disséminées ont chacune leur four particulier : ainsi l'arrondissement de Louhans ne compte que 97 boulangers.

Mais la consommation des fagots n'en est pas moins considérable pour cela dans ces pays, où la cuisson des aliments destinés au bétail exige de grands approvisionnements, et toute la Bresse est dans ce cas. Les fagots comportent alors une quantité de gros bois bien moindre que les fagots de boulanger; ils ne comprennent que du bois d'hiver et des brins de chêne non écorcés. On les empile généralement le long des murs de pisé des constructions, en les maintenant par des perches verticales sous l'abri de la saillie du toit.

Les fours à chaux, les tuileries et poteries font une grande consommation de *bourrées*, sinon pour le chauffage, du moins pour l'allumage. L'évolution économique, qui s'est produite pour la métallurgie, s'est également étendue à ces industries. En 1865, on comptait 454 fabriques de chaux, dont 1/5 cuisaient au bois et consommaient 2 stères par mètre cube de chaux, 4/5 cuisaient à la houille en brûlant 1 hectolitre de charbon pour 2 hectolitres 1/2 de chaux; la totalité des fabriques cuit actuellement à la houille.

Le département présente 147 fabriques de tuiles, 102 fabriques de chaux, 25 de briques, 5 de tuiles et de briques, 30 poteries, 3 fabriques de carreaux céramiques, 2 faïenceries et 12 fabriques de plâtre. Dans le nombre de ces établissements, il en est de fort importants, et la *tuile de Bourgogne* est l'objet d'une fabrication considérable.

CHAPITRE III

ÉCORCES

L'écorçage du taillis est très généralement pratiqué, sauf en Bresse où l'écorce est de qualité inférieure; on écorce parfois les perches de futaie dans les éclaircies; et les arbres abandonnés à l'exploitation dans les taillis sous futaie, mais on en tire des produits médiocres.

Le marché de l'écorce subit des fluctuations considérables qui déterminent le commerce à écorcer ou non; la plus-value donnée aux bois de feu (chauffage et fagots) par l'écorçage conduit généralement à n'exploiter les taillis en *bois gris* que dans le cas où la dépréciation de l'écorce est assez grande pour ne laisser aucune marge de bénéfice.

La production de l'écorce est donc variable. On peut admettre que l'écorçage est praticable sur 63.000 hectares de bois, représentant 36.000 hectares de chêne. Un certain nombre de communes écorcent leurs coupes affouagères avec avantage.

La plus grande partie de l'écorce est expédiée brute; une partie, toutefois, et non la meilleure, est transformée en *tan* dans le département, où l'on compte 11 moulins à écorce.

L'industrie du tannage est pratiquée, dans Saône-et-Loire, par 63 tanneurs, 12 corroyeurs et 3 mégissiers. Autun seul présente de l'importance à ce point de vue. L'exportation se fait soit sur Beaujeu, Villefranche, Lyon et le Midi, soit sur Besançon, l'Est, l'Alsace et la Suisse.

On peut signaler, comme emploi local, l'utilisation que l'on fait en Bresse de l'écorce du chêne et du bouleau pour la teinture des *garraudes* ou *tarères*.

CHAPITRE IV

COMMERCE DES BOIS

Les magnifiques forêts que présente le département de Saône-et-Loire, les qualités exceptionnelles des bois qu'elles produisent, les voies de communication de toute espèce (rivières, canaux, routes, chemins de fer) qui les rendent facilement exploitables, ont donné naissance à un commerce très important.

Chalon, par sa situation exceptionnellement heureuse sur les bords de la Saône, à l'embouchure du canal du Centre, près du confluent du Doubs, devait naturellement en être le centre le plus considérable. Aussi les négociants de cette ville amenaient-ils sur ses ports, outre les produits du pays, les sapins des Vosges, du Jura et de la Suisse, et en avaient-ils fait l'entrepôt le plus considérable de l'Est; après avoir satisfait aux besoins d'une région essentiellement industrielle, ils pouvaient étendre au loin leurs opérations, et expédier les bois, par le Rhône et par le canal du Centre, jusque dans le Midi, le Centre et l'Ouest de la France.

Ce commerce, florissant encore il y a 30 ans à peine, a subi, sous l'influence des chemins de fer, de profondes modifications. La création de ces nouveaux moyens de transport d'une part, l'installation de nombreuses scieries aux lieux de production d'autre part, enfin l'introduction facile en France des bois étrangers, qui semblaient par leur éloignement ne devoir jamais y pénétrer, ont complètement déplacé ce centre d'affaires et métamorphosé ce commerce. Il est arrivé, en effet, pour les bois, ce qui est arrivé pour le commerce en général. Les facilités de communication ont supprimé l'intermédiaire entre le producteur et le consommateur, et les transactions, qui se concentraient autrefois en un point principal, se sont réparties à peu près partout où une gare de chemin de fer permet l'arrivée d'une charpente ou d'un wagon de planches, venant directement de l'usine de production. De là un nombre considérable de petits négociants qui ont remplacé les maisons importantes.

Telle a été la révolution économique pour la branche la plus importante du commerce des bois, c'est-à-dire le bois de sapin. Mais Chalon, Autun, Mâcon, Charolles et Louhans restent encore des centres de production importants : l'Etat, les communes et les particuliers y possèdent de très belles forêts, qui constituent un des revenus les plus considérables et les moins aléatoires de la propriété dans le département.

Les frais d'exploitation des forêts, tout en ayant subi une augmentation correspondant à celle des autres salaires, sont encore à un taux réputé raisonnable ; et, quoique la plupart des ouvriers employés dans les coupes ne soient pas des bûcherons de profession, le travail laisse peu à désirer, tant au point de vue des intérêts du commerce, qu'à celui du propriétaire de la forêt. On trouve, dans la Bresse, des abatteurs de chênes à des conditions qui ne se rencontrent nulle part, même dans les pays exclusivement forestiers.

Les transports, de la forêt aux entrepôts, aux ports d'embarquement ou aux gares de chemins de fer, se font aujourd'hui très facilement, à des prix relativement peu élevés, soit par des attelages spéciaux, soit par les cultivateurs de chaque localité, qui trouvent là une source de profits dans les moments de loisir que leur laissent les travaux des champs.

La Saône et les canaux offrent des moyens de transport très économiques.

On ne peut en dire autant des chemins de fer, dont les tarifs, surtout pour les petites distances, sont beaucoup trop élevés.

Aussi le commerce n'en use-t-il que dans le cas où l'abord des voies navigables est impossible ou lorsqu'il ne peut compléter le chargement d'un bateau, car ce mode de transport grève le bois de frais énormes.

Ainsi un *moule* de bois (2 stères 35), qui par bateau coûte 5 fr. de transport de Gray à Lyon, coûte plus de 12 fr. par chemin de fer ; et cette différence est encore plus forte s'il s'agit de marchandises à grand volume, telles que bourrées et fagots. Pour le transport, le sapin d'un mètre cube *grande pièce*, qui coûte en radeau 3 fr. 50 à 4 fr. de Saint-Jean-de-Losne à Arles, atteindra par chemin de fer 14 et 15 fr. ; celui du chêne, qui coûte 12 fr. par eau, reviendra à 24 et 25 fr.

Outre l'élévation des prix de transport, la Chambre de commerce de Mâcon-Charolles reproche à la Cⁱᵉ Paris-Lyon-Méditerranée d'exiger 1 fr. par tonne pour frais de chargement, déchargement et frais de gare, alors même que les manipulations sont faites par l'expéditeur et par le destinataire, ce qui est la règle pour les pièces de plus de 6 m. 50 de longueur.

La même Chambre se plaint encore de l'insuffisance du matériel dans les petites gares, et de l'impossibilité de peser les marchandises au départ, faute de grues.

Les droits d'octroi à l'entrée des villes ne donnent lieu à aucune réclamation ; ils sont à Chalon :

Bois durs, poutres,	le mètre cube	1 40
Bois blancs, —	—	0 90
Bois durs, sciages,	—	1 60
Bois blancs, —	—	1 15
Bois à brûler,	le stère	0 60
Bois tendres pour boulangers,	—	0 50
Fagots,	le cent	1 00
Charbon de bois,	l'hectolitre	0 15

L'importation des bois étrangers soulève, au contraire, des protestations unanimes pour que nos bois nationaux soient protégés, par des droits de douane, contre la concurrence des bois étrangers.

Les règlements assimilent à tort, au point de vue des dégradations extraordinaires des chemins, les exploitations de bois aux industries. La coupe d'un bois n'est, en effet, qu'une récolte, un simple défruitement, et la propriété forestière exige, à contenance égale et à temps égal, moins de charrois que la propriété vignoble ou agricole. Si une coupe occupe dix ou quinze fois plus de voitures l'année de son exploitation, il faut tenir compte des 15 ou 20 années pendant lesquelles elle n'a occasionné aucun transport. Il n'est donc pas équitable d'imposer les bois pour dégradations extraordinaires aux chemins vicinaux, lorsque les prés, les terres, les vignes ne sont pas imposés.

Après avoir formulé ces doléances, la Chambre de commerce de Chalon, Autun et Louhans constate que les règlements et cahiers des charges de l'Administration forestière, pour l'exploitation des bois soumis au régime forestier, sont tracés avec une grande sévérité; mais elle reconnaît que c'est une arme nécessaire pour prévenir ou réprimer les abus et dont il n'est fait d'ailleurs usage qu'avec sagesse et modération.

Elle regrette les élagages faits il y a 25 ou 30 ans, qui ont porté un préjudice considérable aux plus belles futaies du pays.

Elle émet enfin le vœu de voir maintenir plus longtemps sur place les fonctionnaires forestiers, pour leur laisser acquérir une connaissance approfondie des forêts qu'ils dirigent.

8

CHAPITRE V

SITUATION DE LA PROPRIÉTÉ FORESTIÈRE

La production annuelle des forêts du département de Saône-et-Loire peut être évaluée à 472.000 mètres cubes, représentant sur pied une valeur de 4.345.000 fr., et correspondant à un capital de 110 à 120 millions.

L'abatage, le façonnage, la vente et le transport de cette masse de produits donnent lieu à un mouvement de fonds considérable, et laissent dans le pays beaucoup d'argent à titre de salaires ou de bénéfices; l'exploitation des coupes, bien que peu rémunérée, offre cependant l'avantage de compléter le cycle des travaux agricoles, et de fournir à de nombreux ouvriers du travail en hiver.

Malgré la supériorité du rendement à l'hectare des terres, des pâturages, des prairies et surtout de la vigne, les bois sont assez recherchés, dans le département de Saône-et-Loire, pour que le taux de placement n'y soit pas sensiblement inférieur à celui des autres natures de propriété.

Cela tient aux avantages tout particuliers de la propriété forestière, comportant une production spontanée, fonctionnant presque sans capitaux d'exploitation, sans frais de culture, et dégagée de l'aléa de l'intempérie des saisons qui pèse si lourdement sur les récoltes annuelles. Comme toutes les autres denrées, les bois sont exposés à des variations de prix résultant des conditions économiques du marché; mais les écarts en sont généralement moins étendus.

La propriété forestière souffre actuellement de la crise générale qui frappe l'agriculture, le commerce et l'industrie :

elle en reçoit un contre-coup particulièrement sensible pour les bois de futaie. Elle est cependant beaucoup moins touchée par la concurrence étrangère, par la cherté des transports et par la réduction de la consommation, que les autres branches de la culture dans le pays. Aussi la dépréciation de la propriété rurale, qui atteint 40, 50, 60 et jusqu'à 80 0/0, est-elle beaucoup plus accentuée que celle de la propriété boisée, dont les derniers lots un peu importants, mis en vente, ont été tenus à des prix relativement élevés.

Si le développement progressif de l'emploi du fer dans les constructions et de l'emploi des combustibles minéraux pour le chauffage peut faire craindre une dépréciation de la valeur des bois dans l'avenir, les motifs d'espérer, au contraire, le maintien de la valeur actuelle, ou même le retour à l'ancienne valeur ne font pas défaut.

La dépréciation actuelle des bois dans Saône-et-Loire tient, en partie, à la destruction des vignes par le phylloxera : cette crise, véritable ruine pour les propriétaires de vignobles, dont elle réduit le revenu de 90 0/0 et le fonds de 60 0/0, tout en exigeant l'avance de capitaux considérables pour une reconstitution aléatoire, a supprimé les fournitures immenses de bois de tout genre nécessaires autrefois à un vignoble florissant. En jetant tout d'abord dans les campagnes une masse énorme de céps arrachés, elle a réduit sensiblement les achats de bois de chauffage; puis la diminution de la richesse publique n'a pas permis aux cours de se maintenir, tout en infligeant des pertes fréquentes au commerce.

Aussi la cessation de la crise agricole aura-t-elle une influence décisive sur le relèvement du prix des bois. Lorsque la viticulture locale, à l'exemple du Midi et du Beaujolais, aura réussi à déterminer les plants résistants adaptés aux sols et au climat; lorsque le vignoble de Saône-et-Loire se sera relevé de ses ruines, il exigera immédiatement une quantité considérable de bois de toute espèce pour réparer et reconstituer son matériel. Alors la consommation locale retrouvera tous ses anciens et ses plus importants débouchés.

En attendant ce jour, qui n'est probablement pas très éloigné, mais que l'état actuel des recherches ne permet pas de prévoir encore à bref délai, les bois peuvent s'écouler sur les départements méridionaux plus avancés dans la voie de la reconstitution : on a vu plus haut que déjà l'Algérie, la Tunisie et le Midi se font expédier des douelles de cuves, de foudres et de futailles.

Un des éléments principaux de l'abaissement des prix, celui résultant de la concurrence d'une production excessive, n'existe pas en matière de forêt. Si les défrichements se sont arrêtés, les reboisements ne paraissent pas devoir jamais jeter sur le marché une quantité de produits suffisante pour dépasser la demande et provoquer la baisse.

Les bois du pays n'ont donc pas à redouter l'éventualité d'un excès de production ; mais ils souffrent surtout de l'introduction des bois étrangers, qui arrivent dans nos ports à des frets dérisoires, sont répandus à l'intérieur par les chemins de fer au prix réduit des tarifs de pénétration, et qui, n'ayant à supporter chez eux que des charges insignifiantes, écrasent nos bois indigènes sur nos propres marchés.

Voilà la cause réelle, principale, permanente, de la dépréciation des bois.

Les propriétaires de forêts, les marchands de bois, les Chambres de commerce sont unanimes à le reconnaître, unanimes à protester contre cette invasion désastreuse, unanimes à émettre les vœux les plus énergiques :

1° Pour que les bois étrangers soient frappés, à leur entrée en France, de droits de douane correpondant aux frais qu'ont à subir les bois analogues du pays ;

2° Pour que les chemins de fer n'appliquent pas à ces bois étrangers des tarifs de faveur, mais qu'ils fassent à tous des conditions identiques de transport aussi réduites que possible.

Ils ne demandent pas de protection ; ils réclament l'égalité.

Le pays est donc maître de la question. S'il veut entendre la voix du commerce et de la propriété, il peut tenir la balance égale entre le producteur et le consommateur, et ne pas laisser écraser la production nationale par la concurrence étrangère.

En attendant la promulgation de justes mesures défensives, les propriétaires de bois ont à lutter pour maintenir leurs revenus au taux actuel ; ils y arriveront, dans une certaine mesure, par des aménagements judicieux, des balivages rationnels, l'amélioration des voies de desserte, et en donnant aux forêts les soins culturaux qu'elles réclament. Les forces naturelles s'exercent plus librement et plus puissamment dans la production ligneuse que dans toute autre culture, mais elles exigent néanmoins le concours du travail et de l'intelligence.

5e PARTIE

CHASSE

Le département de Saône-et-Loire, qui a eu autrefois un rang élevé au point de vue cynégétique, et qui compte au nombre de ses forêts le nom illustre de Chapaize, a bien perdu de son ancienne renommée. Le gibier y est aujourd'hui en pleine décadence.

Le cerf a complètement disparu, tandis qu'il s'est maintenu dans la Côte-d'Or et qu'il a été réintroduit avec succès dans la Nièvre. Le loup, le chevreuil et le sanglier se rencontrent encore, mais en nombre très restreint, et seulement dans les forêts les plus étendues, ou à titre accidentel dans les autres. Le lièvre lui-même est rare dans bien des bois. Le lapin s'est un peu mieux défendu. Le gibier-plume ne comprend guère que : la bécasse, dont les passages diminuent graduellement ; la perdrix grise et la perdrix rouge, encore plus ou moins abondantes sur les bordures, suivant les localités, mais dont la race est en déclin ; enfin le faisan, élevé dans quelques rares propriétés. Les oiseaux de taille inférieure sont l'objet d'une destruction acharnée.

Par contre, le renard foisonne et constitue à lui seul le fond de la chasse dans la plupart des forêts dévastées ; le blaireau, le putois, la belette et les autres vermines, ainsi que les oiseaux de proie, pullulent et commettent les plus grands dégâts.

Le colletage et le braconnage sont très développés ; le colportage et la vente du gibier s'exercent en tout temps.

Nulle part, il n'est pris de mesure un peu sérieuse pour la protection, la conservation et la multiplication du gibier, non plus que pour la destruction des animaux qui lui sont nuisibles ; on se contente d'une surveillance générale, plus ou moins réelle, toujours insuffisante. La grande propriété a pu se défendre un peu jusqu'à ce jour, mais la zône de dévastation s'étend progressivement d'une façon rapide.

Les arrêtés préfectoraux interdisent très sagement la chasse en temps de neige, le vagabondage des chiens, l'enlèvement des nids et couvées, la destruction des petits oiseaux. Toutes ces prescriptions, comme la législation, auraient besoin d'être appliquées strictement.

Il serait injuste de rejeter sur la loi de 1844 ou sur la négligence des agents chargés d'en surveiller l'application, la responsabilité de la diminution du gibier. La répression des délits de chasse est difficile et délicate ; bien plus, elle est condamnée à rester insuffisante, tant que les mœurs ne se seront pas modifiées, tant que la masse de la population ne saura pas s'élever au respect spontané de la loi. Le braconnage ne peut être arrêté par la crainte hypothétique de procès-verbaux et de poursuites judiciaires (ce sont les accidents du métier) ; mais il serait immédiatement étouffé par la suppression de ses débouchés et de ses profits, c'est-à-dire par la double impossibilité de vendre ses produits en temps prohibé, et de vendre, en tout temps, ses produits obtenus par des moyens illicites. La diminution du gibier est due, en réalité, à la connivence, peut-être inconsciente, mais à coup sûr coupable et désastreuse, des consommateurs tentés par le fruit défendu.

Le mode de chasse le plus usité est la chasse à tir, avec un nombre généralement très limité de chiens courants. On ne compte guère que 8 équipages de 15 à 20 chiens, et 3 seulement de plus de 25 chiens, chassant le lièvre, le chevreuil et le sanglier à courre, mais plus souvent à tir et à courre.

Forêts domaniales. — La chasse est affermée dans les forêts domaniales au prix moyen de 0 fr. 77 l'hectare, pour ces dernières années : Pierre-Luzière est louée 2 fr. 60 l'hectare, les Battées 1 fr. 65, Marloux 1 fr. 63, les Feuillies 1 fr. 40, toutes les autres forêts moins de 1 fr. ; quelques lots même ne sont pas affermés, faute d'offres suffisantes.

La réduction de l'étendue des fourrés et la création de vastes perchis, résultant du traitement des forêts en conversion, déprécient la chasse d'une manière sensible pour les massifs d'une médiocre étendue, en écartant le gibier et en l'obligeant à prendre de plus grands partis.

Forêts communales. — La chasse dans les forêts communales est louée directement par les municipalités, à des conditions et suivant des modes approuvés par le préfet, en dehors de toute intervention de l'Administration forestière, chargée seulement de fonctions de police et de surveillance.

Les clauses des cahiers des charges et les modes de location varient à l'infini. La règle la plus ordinairement suivie est l'adjudication publique au plus offrant, pour plusieurs années, avec adjonction au fermier principal d'un certain nombre de co-fermiers et faculté pour chaque sociétaire de se faire accompagner d'un ami, qui peut parfois chasser isolément. Presque toujours le cahier des charges interdit d'instituer un garde spécial.

Les chasseurs de la localité ne se voient pas, sans déplaisir, évincés des enchères par des voisins ou par des étrangers plus fortunés qu'eux. Aussi amènent-ils souvent les municipalités à sacrifier les intérêts purement financiers de la caisse communale aux convenances et à l'agrément des habitants ; ceux-ci peuvent alors éliminer ou éviter une concurrence gênante, et jouir à peu de frais du plaisir de la chasse dans *leurs communaux.*

Tantôt l'adjudicataire est tenu d'admettre comme sociétaires tous les chasseurs de la localité qui en font la demande : cela écarte des enchères ceux qui veulent éviter toute promiscuité avec les braconniers du pays.

Tantôt la mairie délivre des cartes valables pour un an, dont le prix est réduit en faveur des chasseurs domiciliés dans la commune. Le nombre des cartes délivrées est parfois assez considérable au début, et l'on s'applaudit du succès de la combinaison : mais les chasseurs n'ont aucun intérêt à ménager le gibier, chacun cherche à diminuer la part de ses concurrents, et bientôt la forêt dévastée ne trouve plus de preneurs ; on revient alors au système de. l'adjudication, mais il faut, pendant de longues années, payer les frais de l'expérience. Malgré son apparence égalitaire et démocratique, le système d'exploitation de la chasse par des cartes est désastreux : il aboutit en réalité à la ruine du gibier et à la suppression d'une branche de revenu relativement importante. Les communes qui en ont fait l'essai ont dû y renoncer ; mais leur exemple ne semble pas éclairer les autres.

La durée des baux, les dates d'échéance et de renouvellement n'ont aucune fixité, chaque commune procédant isolément.

Aussi le droit de chasse ne se loue-t-il qu'à des prix infimes, à peine 0 fr. 20 à 0 fr. 30 l'hectare en moyenne : il est difficile d'ailleurs d'établir ce prix exactement, car les baux comprennent le plus souvent, outre les bois, toutes les propriétés rurales de la commune, dont l'étendue est parfois considérable.

Les communes obtiendraient certainement un revenu plus élevé de la location du droit de chasse, si, dans chaque arrondissement, les baux étaient renouvelés à la même époque, pour la même durée, aux mêmes clauses et conditions, de manière à permettre aux amateurs de se constituer des lots convenables par la location de plusieurs forêts voisines, et surtout si l'on autorisait les adjudicataires à faire garder.

Bois particuliers. — La chasse constitue, pour la plupart des propriétaires de bois, un plaisir dont ils se montrent, en général, fort jaloux. On peut admettre, avec le degré d'exactitude que comporte une telle évaluation, que la chasse est réservée sur 75.000 hectares, louée sur 17.000, et libre sur le reste.

Les prix de location sont éminemment variables, suivant l'abondance du gibier, la situation des bois et la concurrence des amateurs : ce prix ne dépasse pas 1 fr. 50 l'hectare, est en moyenne de 0 fr. 30, s'abaisse à 0 fr. 10, et se réduit même parfois en un simple tribut en nature d'un nombre déterminé de pièces de gibier.

Les procès de chasse sont relativement nombreux et donnent lieu, comme partout, à des contestations passionnées.

Louveterie. — Depuis plusieurs années, il n'y a plus de lieutenants de louveterie dans le département de Saône-et-Loire, les commissions des anciens officiers n'ayant pas été renouvelées.

Battues. — Les battues prescrites par l'autorité administrative s'exécutent sous la direction, le plus souvent nominale, des agents forestiers, et ordinairement sans grand succès.

Les battues autorisées par les maires ont généralement moins un but d'utilité que d'agrément : elles sont presque toujours décidées sur les instances d'amateurs désireux de se procurer le plaisir de la chasse en temps prohibé, surtout sur les propriétés gardées qui leur sont habituellement interdites.

Chasses exceptionnelles. — Les permissions de chasses exceptionnelles en temps de fermeture, qui devraient être restreintes aux seules personnes justifiant de leur aptitude à opérer une destruction réelle d'animaux nuisibles, sont délivrées chaque année en nombre excessif rendant toute surveillance impossible.

Le gibier a énormément à souffrir, surtout au printemps, de la divagation incessante de chiens non exclusivement créancés dans la voie du loup, du renard et du sanglier, et aussi de l'entraînement de chasseurs que ne retient pas la crainte salutaire du gendarme.

TABLE DES MATIÈRES

— 126 —

CHAPITRE II. — AU POINT DE VUE AGRICOLE, INDUSTRIEL
ET COMMERCIAL

CHAPITRE III. — Au point de vue forestier

2ᵉ PARTIE. — bois soumis au régime forestier

CHAPITRE Iᵉʳ. — Administration forestière

CHAPITRE II. — Forêts domaniales

CHAPITRE III. — Forêts communales, sectionales et d'établissements publics

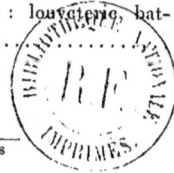

MACON, IMP. PROTAT FRÈRES

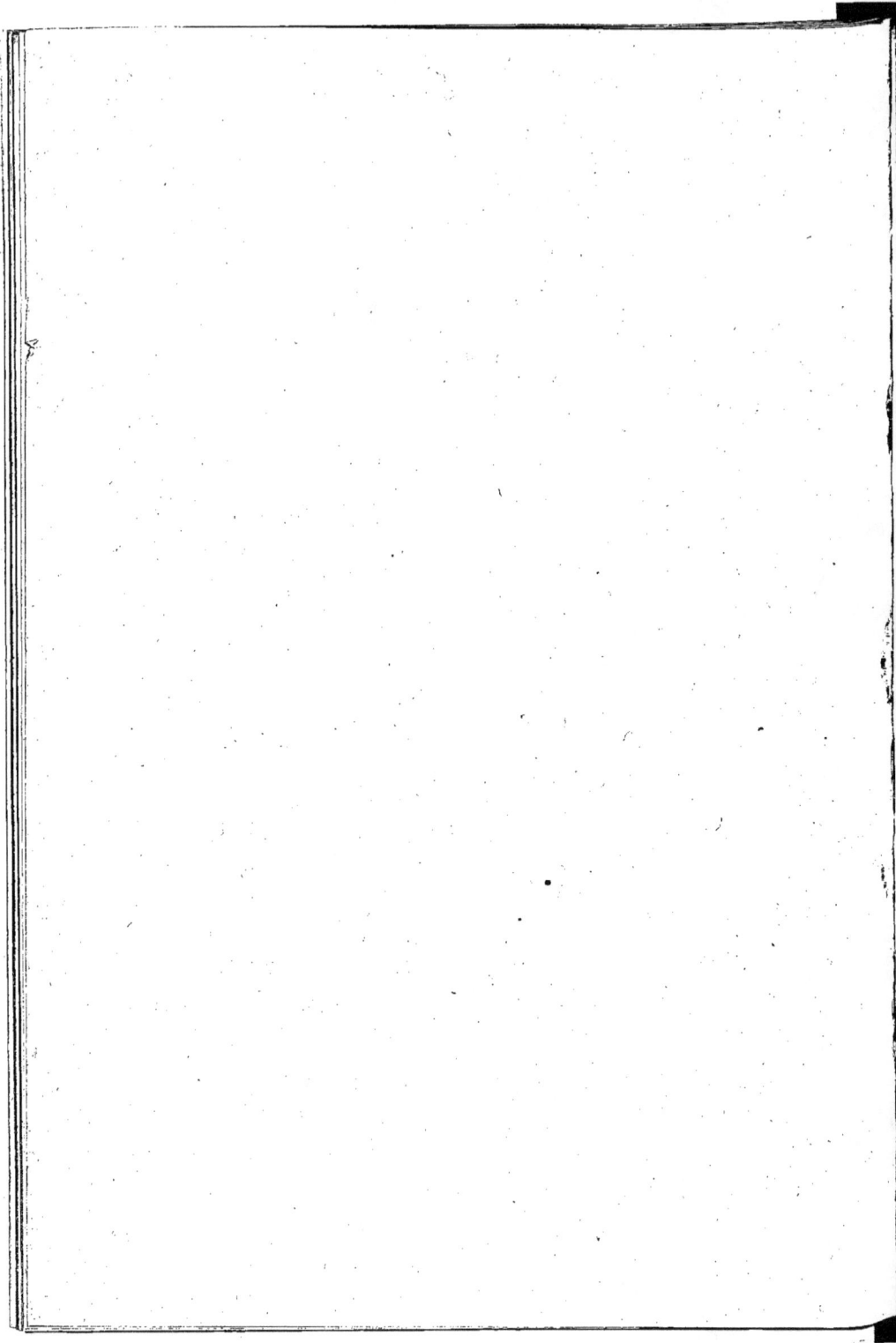

TABLEAU GRAPHIQUE DU PRODUIT DES COUPES DE PLANOISE

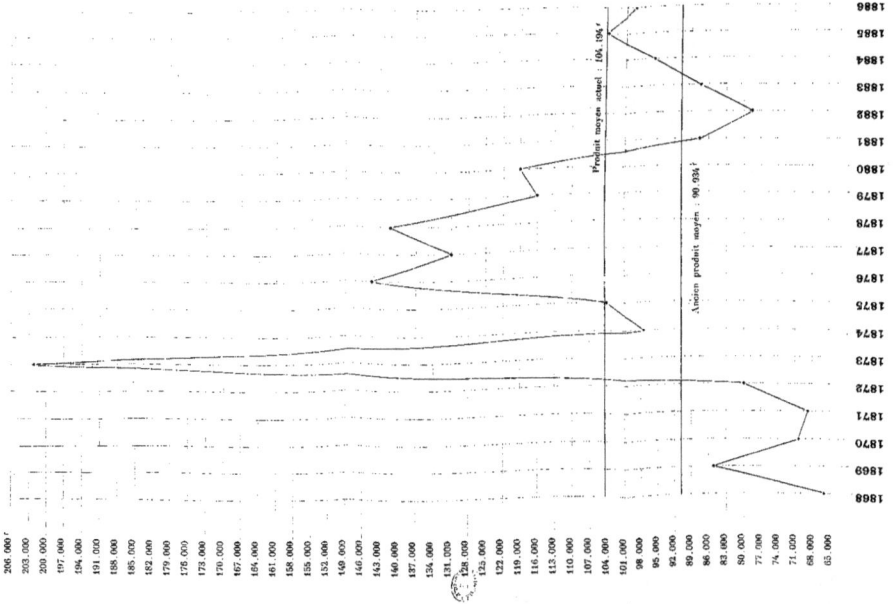

Produit moyen actuel : 104.194 f

Ancien produit moyen : 90.934 f

Années : 1868, 1869, 1870, 1871, 1872, 1873, 1874, 1875, 1876, 1877, 1878, 1879, 1880, 1881, 1882, 1883, 1884, 1885, 1886

Valeurs : 206.000 f — 203.000 — 200.000 — 197.000 — 194.000 — 191.000 — 188.000 — 185.000 — 182.000 — 179.000 — 176.000 — 173.000 — 170.000 — 167.000 — 164.000 — 161.000 — 158.000 — 155.000 — 152.000 — 149.000 — 146.000 — 143.000 — 140.000 — 137.000 — 134.000 — 131.000 — 128.000 — 125.000 — 122.000 — 119.000 — 116.000 — 113.000 — 110.000 — 107.000 — 104.000 — 101.000 — 98.000 — 95.000 — 92.000 — 89.000 — 86.000 — 83.000 — 80.000 — 77.000 — 74.000 — 71.000 — 68.000 — 65.000

II

TABLEAU GRAPHIQUE DU PRODUIT DES COUPES DE LA FERTÉ

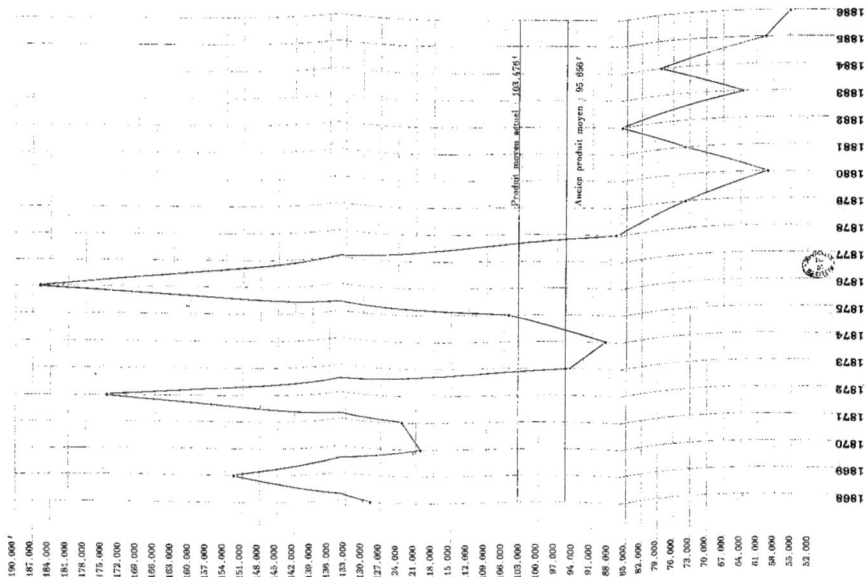

Produit moyen actuel : 103.578

Ancien produit moyen : 96.866

190.000 187.000 184.000 181.000 178.000 175.000 172.000 169.000 166.000 163.000 160.000 157.000 154.000 151.000 148.000 145.000 142.000 139.000 136.000 133.000 130.000 127.000 124.000 121.000 118.000 115.000 112.000 109.000 106.000 103.000 100.000 97.000 94.000 91.000 88.000 85.000 82.000 79.000 76.000 73.000 70.000 67.000 64.000 61.000 58.000 55.000 52.000

1868 1869 1870 1871 1872 1873 1874 1875 1876 1877 1878 1879 1880 1881 1882 1883 1884 1885 1886

TABLEAU GRAPHIQUE DU PRODUIT DES COUPES DE POURLANS

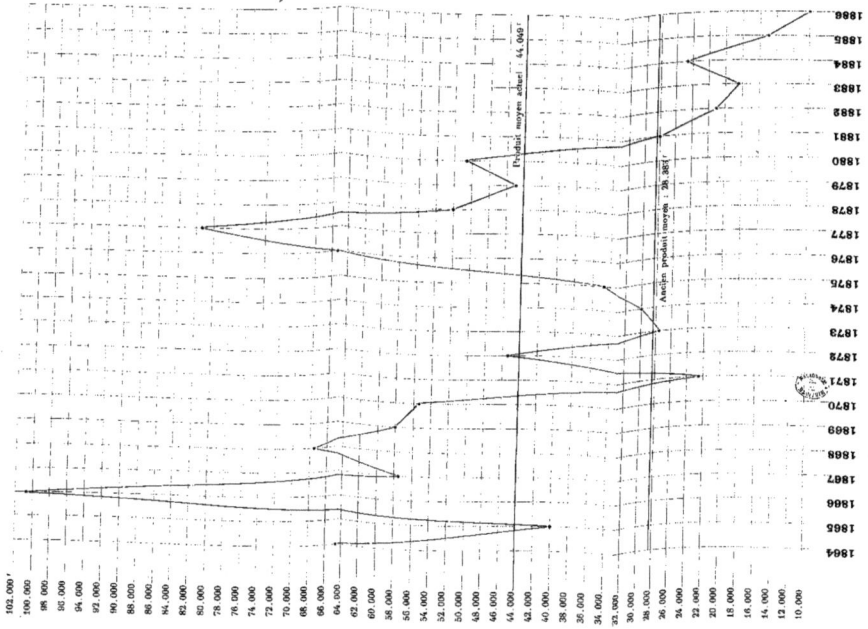

Produit moyen actuel : 44.049

Ancien produit moyen : 38.381

102.000
100.000
98.000
96.000
94.000
92.000
90.000
88.000
86.000
84.000
82.000
80.000
78.000
76.000
74.000
72.000
70.000
68.000
66.000
64.000
62.000
60.000
58.000
56.000
54.000
52.000
50.000
48.000
46.000
44.000
42.000
40.000
38.000
36.000
34.000
32.000
30.000
28.000
26.000
24.000
22.000
20.000
18.000
16.000
14.000
12.000
10.000

1864
1865
1866
1867
1868
1869
1870
1871
1872
1873
1874
1875
1876
1877
1878
1879
1880
1881
1882
1883
1884
1885
1886

TABLEAU GRAPHIQUE DU PRODUIT DES COUPES DU GRISON

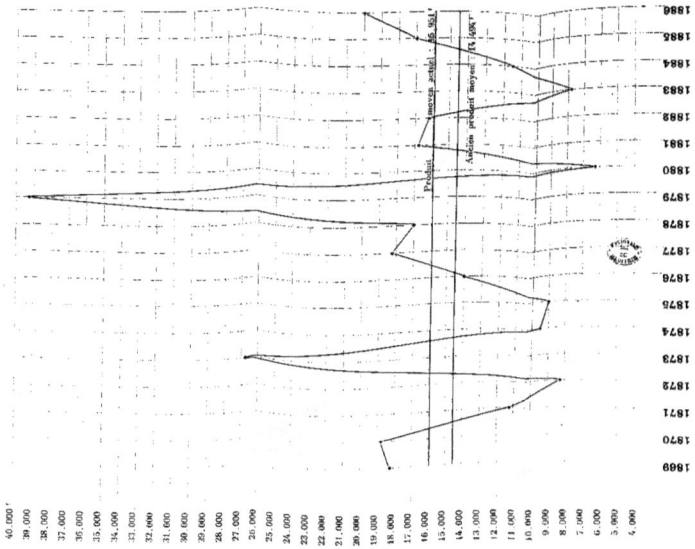

Produit

Ancien produit moyen : fr. 14.404

Nouveau produit : fr. 16.851

1869	1870	1871	1872	1873	1874	1875	1876	1877	1878	1879	1880	1881	1882	1883	1884	1885	1886

40.000
39.000
38.000
37.000
36.000
35.000
34.000
33.000
32.000
31.000
30.000
29.000
28.000
27.000
26.000
25.000
24.000
23.000
22.000
21.000
20.000
19.000
18.000
17.000
16.000
15.000
14.000
13.000
12.000
11.000
10.000
9.000
8.000
7.000
6.000
5.000
4.000

V

TABLEAU GRAPHIQUE

DU PRODUIT DES COUPES DE L'ENSEMBLE DES FORÊTS DOMANIALES

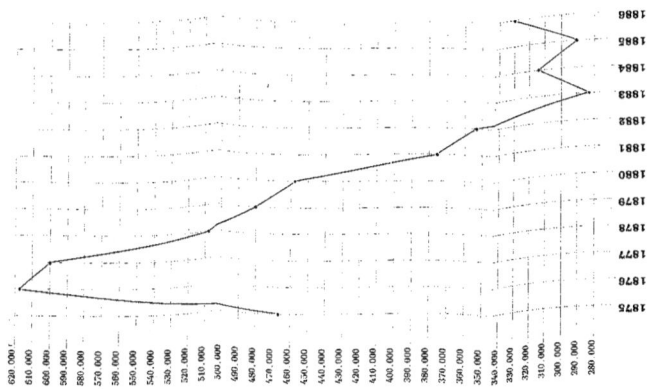

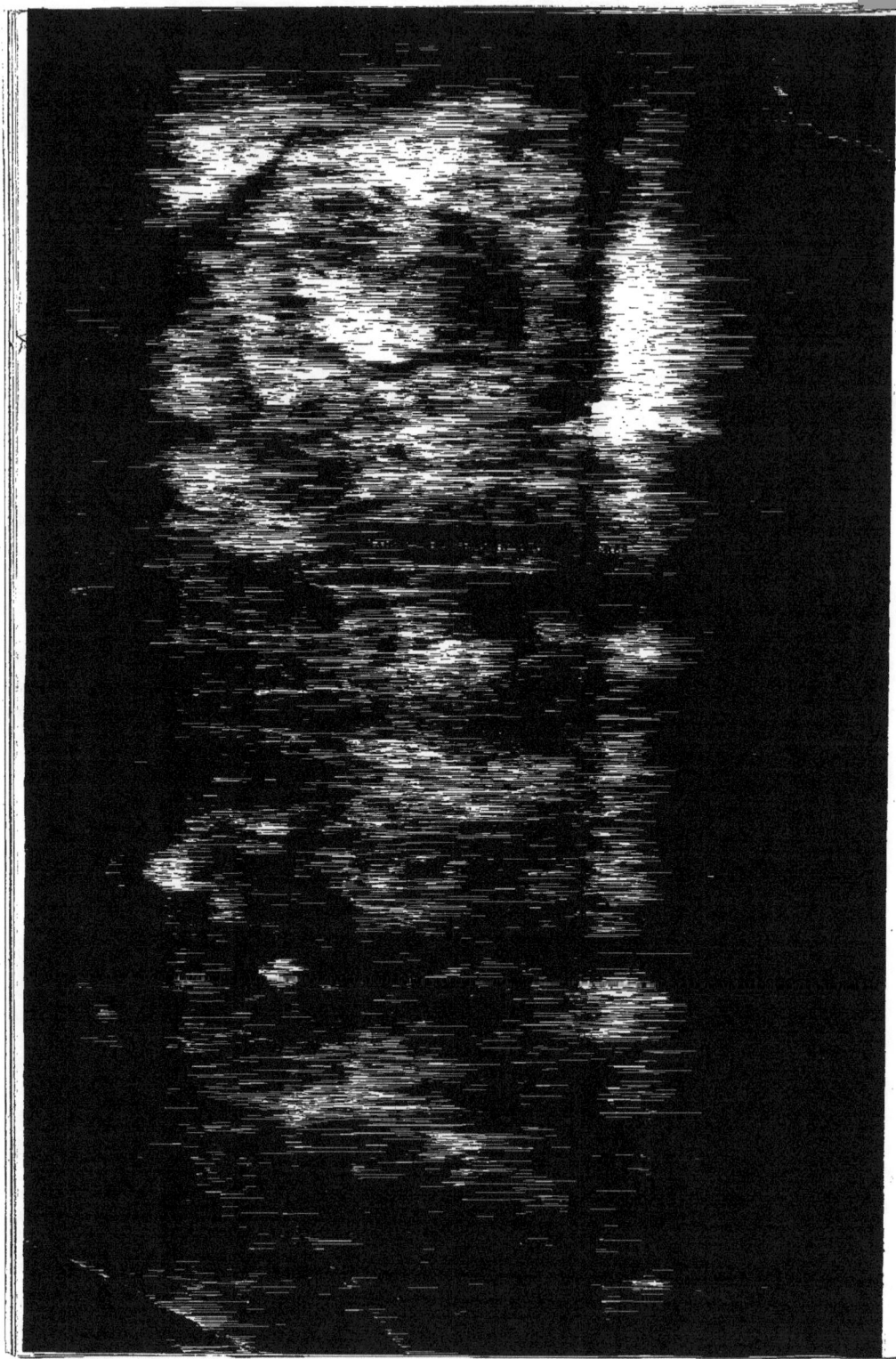

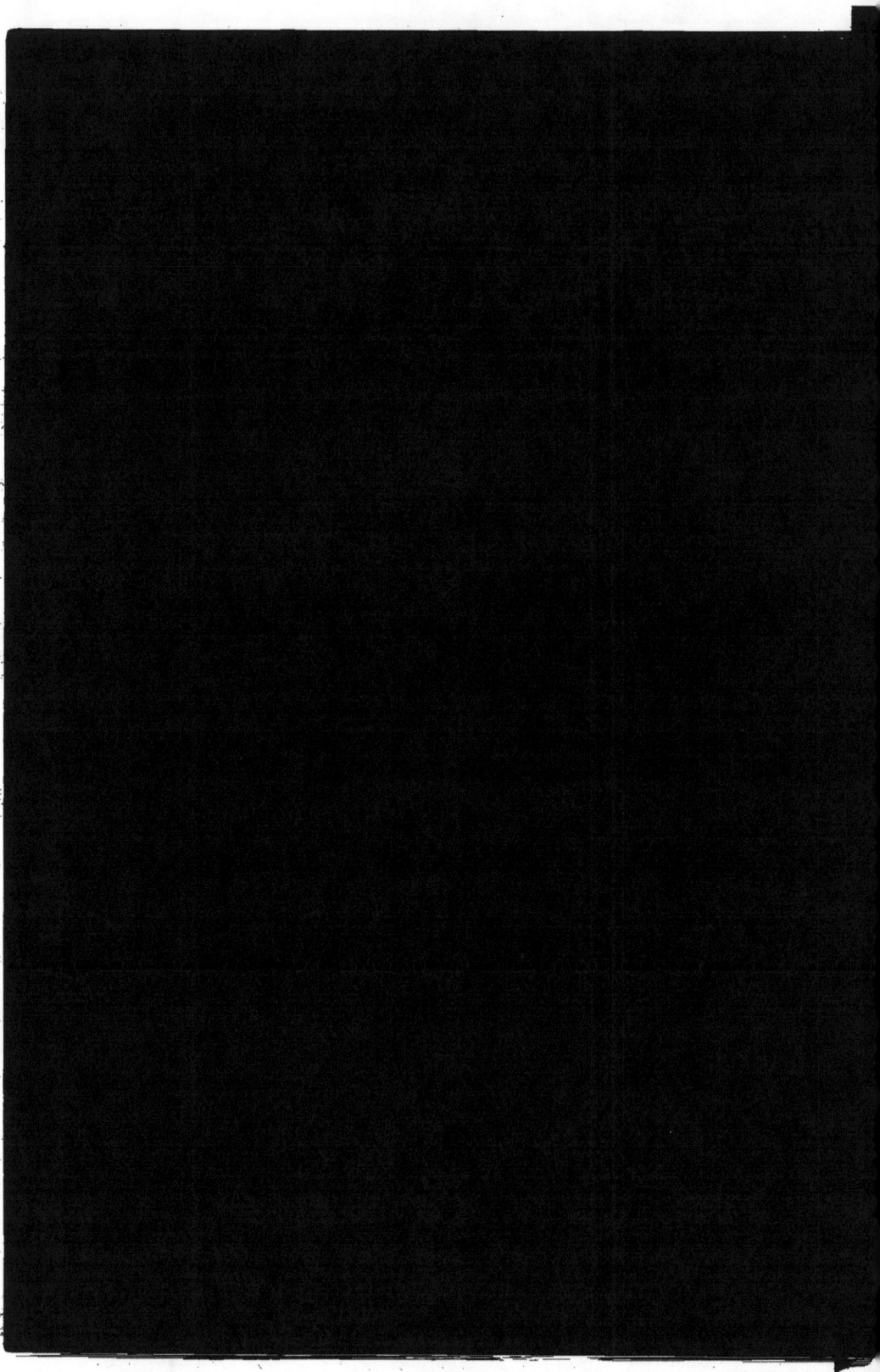

www.ingramcontent.com/pod-product-compliance
Lightning Source LLC
Chambersburg PA
CBHW050126210326
41519CB00015BA/4125